U0212053

移动

UI

色彩搭配

王璐　王玺◎编著

清华大学出版社
北京

内容简介

人们在回忆所看到过的场景和事物时，对色彩的记忆度要高于形态。也就是说，从视觉角度来看，一款产品给用户留下最深印象的部分往往是其配色。对于设计师而言，色彩是伟大的工具，配色是每个设计师的必修课，是设计过程中无法绕开的一个环节。

本书力求跟随当前 UI 配色设计的潮流趋势，详细讲解 UI 配色设计的相关方法和技巧，精选国内外优秀的 UI 设计作品进行配色分析，提供最具吸引力的 UI 设计配色方案，同时结合 UI 作品的配色设计实战练习，全面提升读者的 UI 配色设计水平，能够真正达到学以致用的目的。另外，本书赠送配色演示微视频、源文件、教学 PPT 课件及课后测试答案，读者可扫描书中二维码获取。

本书适合正准备学习或者正在学习 UI 设计的初中级读者，也可以作为各类在职设计人员在实际配色工作中的理想参考用书。

本书封面贴有清华大学出版社防伪标签，无标签者不得销售。

版权所有，侵权必究。举报：010-62782989，beiqinquan@tup.tsinghua.edu.cn。

图书在版编目（CIP）数据

移动 UI 色彩搭配 / 王璐，王玺编著 . —北京：清华大学出版社，2021.10
ISBN 978-7-302-58657-9

Ⅰ.①移… Ⅱ.①王… ②王… Ⅲ.①移动终端—人机界面—色彩—设计 Ⅳ.① TN929.53

中国版本图书馆 CIP 数据核字（2021）第 142447 号

责任编辑：张　敏
封面设计：杨玉兰
责任校对：徐俊伟
责任印制：丛怀宇

出版发行：清华大学出版社
　　　　网　　　址：http://www.tup.com.cn，http://www.wqbook.com
　　　　地　　　址：北京清华大学学研大厦A座　　　邮　　编：100084
　　　　社 总 机：010-62770175　　　　邮　　购：010-83470235
　　　　投稿与读者服务：010-62776969，c-service@tup.tsinghua.edu.cn
　　　　质量反馈：010-62772015，zhiliang@tup.tsinghua.edu.cn
印 装 者：北京博海升彩色印刷有限公司
经　　销：全国新华书店
开　　本：170mm×240mm　　　印　　张：12.25　　字　　数：322千字
版　　次：2021年11月第1版　　　印　　次：2021年11月第1次印刷
定　　价：79.80元

产品编号：092839-01

前　言

随着社会的快速发展，人们的生活环境也变得更加丰富多彩。UI设计不再局限于简单的文字与图片的组合，而是更加追求美观与操作便利，能够向用户群体传达某种情感。而色彩作为进入人们视线的最初印象，在UI设计中所起到的作用变得越来越重要，特色鲜明且能够准确传达情感和意图的配色，成为UI设计成功与否的重要因素之一。

实践证明，色彩搭配是一项艺术性很强的设计活动。设计师不仅需要掌握基本的色彩知识和配色原则，还需要通过对大量作品的鉴赏，体会不同作品的设计思路和色彩搭配技巧，培养对色彩的感觉，发挥创作灵感，从而通过优秀的配色方案使作品的表现更加出色。

▨ 本书内容

配色是UI设计的重要基础，本书共分为5章，采用基础知识与实际案例分析相结合的方式，由浅入深地对UI配色设计知识进行深入讲解，帮助读者在了解配色原理的同时，将这些原理合理地运用到实际的UI设计中，使读者完成从基本概念的理解到操作技巧的掌握这样一个过程。

第1章　初识UI设计配色，向读者介绍了有关色彩基础和UI设计配色的相关知识，包括UI设计配色的基本步骤、色彩印象、UI设计中的色彩角色和UI配色基础原则等内容，使读者更好地认识和了解UI设计配色。

第2章　UI设计配色的基本方法，向读者介绍有关UI配色的基本方法，包括色调配色、图标配色、文字配色、基础配色方法、对比配色方法，以及表现情感的配色等内容。

第3章　UI设计配色技巧，向读者介绍一些UI设计配色技巧，包括使用无彩色调和UI配色、使用色彩突出UI主题及高饱和度色彩搭配技巧等内容，希望能够帮助读者少走弯路，快速提高UI设计配色水平。

第4章　网站UI配色设计，向读者介绍有关网站UI设计配色的相关知识，包括网站UI元素配色、如何打造成功的网站UI配色、根据用户群体选择网站UI配色、根据商品销售阶段选择网站UI配色及常见的网站配色印象等内容，提高读者在网站UI配色设计方面的技巧。

第5章　移动UI配色设计，向读者介绍有关移动UI设计配色的方法和技巧，包括移动UI配色需要注意的问题、移动UI配色的基本流程、移动UI常用的配色方法和移动UI配色技巧等内容，使读者能够在移动UI配色设计过程中灵活运用。

本书特点

全书内容丰富、条理清晰，通过 5 章的内容，为读者全面介绍了 UI 配色设计的相关知识，采用理论知识、配色分析和案例实战相结合的方法，使知识融会贯通。

· 语言通俗易懂、内容丰富、版式新颖，几乎涵盖了 UI 配色设计的方方面面。

· 实用性很强，采用理论知识、配色分析与实战操作相结合的方式，使读者更好地理解并掌握 UI 配色设计的方法和技巧。

· 注重实践，每章内容都提供了相应的练习与配色实战操作，引导读者对本章所学习的内容加以巩固。

赠送资源

本书赠送配色演示微视频、源文件、教学 PPT 课件及课后测试答案，读者可扫描下方二维码获取。

微视频	源文件	PPT 课件	测试答案

本书作者

本书适合正准备学习或者正在学习 UI 配色设计的初中级读者，本书充分考虑到初学者可能遇到的困难，讲解全面深入，结构安排循序渐进，使读者在掌握了知识要点后能够有效总结，并通过实例分析和练习巩固所学知识，提高学习效率。

本书编写时间较为仓促，书中难免有疏漏之处，敬请广大读者朋友批评、指正。

编　者

目 录

第 2 章 UI 设计配色的基本方法

第 3 章 | UI 设计配色技巧

第 4 章 网站 UI 配色设计

第 5 章　移动 UI 配色设计

第1章 初识 UI 设计配色

　　色彩通常是人们对设计作品的第一印象，在 UI 设计中配色占据着极其重要的地位，良好的 UI 配色能够有效提升产品的用户体验度，吸引更多潜在用户的目光。本章将向读者介绍色彩的相关基础知识，UI 设计配色的基本步骤，以及 UI 设计配色的相关知识，使读者更好地认识和了解 UI 设计配色。

1.1 色彩的基础理论

　　色彩作为一种最普遍的审美形式，存在于日常生活的方方面面，人们的衣、食、住、行、用都与色彩有着密切的关系。色彩带给人们的魅力是无限的，是人们感知事物的第一要素。色彩运用对于艺术设计来说起着决定性作用。

1.1.1 认识色彩

　　人们的日常生活中充满了各种各样的色彩，无论是平常所看到的还是碰触的东西，全都存在着色彩，既有难以感觉到的，也有鲜艳耀眼的。其实这些色彩都来自于光的存在，没有光就没有色彩，这是人类依据视觉经验得出的一个最基本的理论，光是人们感知色彩存在的必要条件。

　　色彩是由于物体能有选择地吸收、反射或折射色光所形成的。光线照射到物体之后，一部分光线被物体表面所吸收，另一部分光线被反射，还有一部分光线穿过物体被透射出来。也就是说，物体表现出什么颜色就是反射了什么颜色的光。色彩就是在可见光的作用下产生的视觉现象。

　　从人类的视觉经验可知，既然光是色彩存在的必备条件，那么就应当了解色彩产生的实际理论过程。图 1-1 所示为色彩产生的过程示意图。

图 1-1　色彩产生的过程示意图

> **提示**　色彩作为视觉信息，无时无刻不在影响着人类的正常生活，美妙的自然色彩刺激并感染着人们的视觉和心理情感，为人们呈现出丰富的视觉空间。

1.1.2 色彩三要素

　　世界上的色彩千差万别，几乎没有两种完全相同的色彩，但只要有色彩存在，每一种色彩就会同时具有 3 个基本属性：色相、明度和饱和度，它们在色彩学上被称色彩的三要素或色彩的三属性。

1. 色相

色相是指色彩的相貌，是一种颜色区别于另外一种颜色的最大特征。色相体现着色彩外向的性格，是色彩的灵魂。色相是由射入人眼的光线的光谱成分所决定的。

在可见光谱中，红、橙、黄、绿、蓝、紫，每一种色相都有各自的波长与频率，它们从短到长按顺序排列，就像音乐中的音阶顺序一样，秩序而和谐。光谱中的色相发射着色彩的原始光，它们构成了色彩体系中的基本色相。图 1-2 所示为 12 基本色相环。

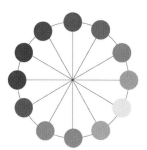

色相可以按照光谱的顺序划分为：红、红橙、黄橙、黄、黄绿、绿、绿蓝、蓝绿、蓝、蓝紫、紫、红紫12个基本色相。

图 1-2　12 基本色相环

提示　通过在红、橙、黄、绿、蓝、紫这几种基本色相间取中间色，就可以得到 12 色相环，再进一步便可得到 24 色相环。在色相环的圆圈里，各种色相按照不同的角度进行排列，12 色相环中的每一种色相间距为 30°，24 色相环中的每一种色相间距为 15°。

2. 明度

明度是眼睛对光源和物体表面的明暗程度的感觉，主要是由光线强弱决定的一种视觉经验。

在无彩色中，明度最高的色彩是白色，明度最低的色彩是黑色。在有彩色中，任何一种色相中都包含明度特征。不同的色相其明度也不同，黄色为明度最高的有彩色，紫色为明度最低的有彩色。任何一种颜色加入白色，都会提高明度，白色成分越多，明度越高；任何一种颜色加入黑色，都会降低明度，黑色成分越多，明度越低，如图 1-3 所示。

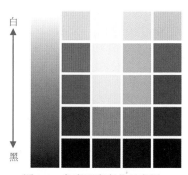

白

黑

图 1-3　色彩明度变化示意图

◆ **案例分析**

在 UI 配色设计过程中，可以通过调整界面中设计元素的色彩明度差异，使界面中的重要信息或功能操作按钮在界面中凸显出来，这样能够有效增强界面的视觉层次感，如图 1-4 所示。

提示　所有色彩都包含明度属性，明度关系是色彩搭配的基础。在设计过程中，色彩的明度最适合用来表现物体的立体感和空间感。

　　　　（明度差异较小）　　　　　　　　　　　　（明度差异较大）

图 1-4　通过色彩明度差异突出重要功能元素

3.饱和度

　　饱和度是指色彩的强度或纯净程度，也被称为纯度、彩度、艳度或色度。对色彩的饱和度进行调整，就是调整图像的彩度。饱和度表示色相中灰色分量所占的比例，它使用 0%（灰色）～ 100% 来度量，当饱和度为 0 时，则会变成一个灰色图像，增加饱和度会增加其彩度。

　　某种色相的颜色在没有掺杂白色或黑色时，被称为"纯色"，如纯红色、纯蓝色等，在"纯色"中加入不同明度的无色彩，就可以得到不同饱和度的该色相色彩。以红色为例，在纯红色中加入少量白色，饱和度下降，而明度提升，变为淡红色。继续增加白色的量，颜色会越来越淡，变为淡粉色；如果加入黑色，则色彩的饱和度和明度同时下降；如果加入灰色，则会使色彩失去光泽。图 1-5 所示为色彩饱和度变化示意图。

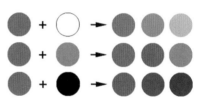

图 1-5　色彩饱和度变化示意图

◆　**案例分析**

　　图 1-6 所示为一款移动 App 界面设计，使用高饱和度色彩进行配色设计，使界面中的图形效果表现突出、清晰，高饱和度的色彩搭配非常耀眼，能够为用户带来热情、欢乐的情绪。如果降低界面色彩的饱和度，虽然界面中的信息内容依然表现清晰，但是界面显得发灰，色彩的对比度不够强烈，给人一种灰蒙蒙、不清晰的感觉。

（高饱和度配色表现出热情、欢乐的印象）　　（降低色彩饱和度，界面表现得灰蒙蒙、不清晰）

图 1-6　高饱和度配色设计的移动 UI

提示 不同色相的饱和度也是不同的，例如饱和度最高的颜色是红色，黄色的饱和度也较高，但是绿色的饱和度仅能达到红色的一半左右。在人们的视觉所能感受到的色彩范围内，绝大部分都是非高饱和度的颜色，有了饱和度的变化，才使色彩显得极其丰富。同一个色相，即使饱和度发生了细微的变化，也会带来色彩性格的变化。

1.1.3 无彩色与有彩色

色彩可以分为无彩色和有彩色两大类。无彩色包括黑色、白色和灰色，有彩色包括红色、黄色、蓝色等除无彩色以外的任何色彩。有彩色具备光谱上的某种或某些色相，统称为彩调。相反，无彩色没有任何彩调。

1. 无彩色

无彩色是指黑色和白色，以及由黑、白两色混合而成的各种灰色，其中黑色和白色是单纯的色彩，而灰色却有着各种深浅的不同。无彩色系的颜色只有一种基本属性，即"明度"。

无彩色系的色彩虽然没有彩色系那样光彩夺目，却拥有彩色系无法代替的重要作用。在设计中，合理的无彩色搭配同样可以使 UI 表现出独特的视觉效果。

◆ **案例分析**

无彩色在移动 App 界面设计中比较常用，特别是一些电商类 App 界面，通过无彩色的搭配能够有效凸显界面中产品图片的表现效果。图 1-7 所示是一个电动滑板车 App 界面设计，完全使用无彩色进行搭配，黑色的背景搭配白色的产品信息卡片，层次非常清晰，无彩色的搭配使产品显得更加高档。

图 1-8 所示是一个数码产品网站 UI 设计，使用不同明度的灰色进行搭配，背景的浅灰色与相机的色彩相呼应，给人一种精致而高档的感受。在界面局部点缀少量的红色，以突出重点信息的显示，也很好地打破了界面的沉闷感。

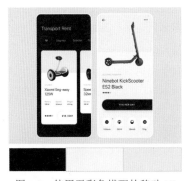

图 1-7 使用无彩色搭配的移动 UI

图 1-8 使用无彩色搭配的网站 UI

2. 有彩色

无彩色以外的所有色彩都属于有彩色系，有彩色系包括基本色、基本色之间的混合色或基本色与无彩色之间不同量的混合色等，它们都属于有彩色系。

有彩色系中各种颜色的属性都是由光的波长和振幅所产生的。有彩色系色彩包含色相、明度和饱和度 3 个属性。

◆ **案例分析**

图 1-9 所示是一个与动物相关的 App 界面设计，使用低明度的深蓝色作为界面背景颜色，而界面中不同的动物图片使用了不同高饱和度的有彩色背景，并且功能操作图标也使用了高饱和度的绿色进行搭配，与界面背景形成强烈对比，有效突出了动物图片和主要功能的表现，界面中信息内容的层次感比较突出。

图 1-10 所示是一个牙膏产品宣传网站 UI，使用不同明度的高饱和度洋红色作为主色调，表现出柔美、温馨、浪漫的氛围，并且能够与蓝色的产品形成强烈的视觉对比，界面的视觉表现力更强。

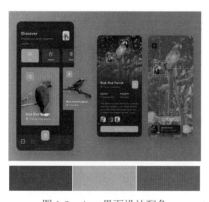

图 1-9　App 界面设计配色

图 1-10　牙膏产品宣传网站 UI 配色

1.2　UI 设计配色的基本步骤

产品 UI 给用户留下的第一印象，既不是界面中丰富的内容，也不是合理的版式布局，而是界面的色彩。色彩的视觉效果非常明显，一个 UI 设计成功与否，在某种程度上取决于设计师对色彩的运用和搭配，配色决定了 UI 带给用户的第一印象。

1.2.1　明确产品定位与目标

为 UI 选择合理的配色方案之前，首先需要明确该产品的定位与目标，确定 UI 的核心功能和主要组成元素，这样才能更加合理地选择配色方案。

产品存在的意义在于能够满足用户的特定需求。例如，微信解决了用户在相隔万里却又想亲密沟通的交流需求；微博满足了平凡用户与明星在同一个平台也可以享有明星般关注的社交心理需求；美食类 App 则解决了用户足不出户享有美食的需求。产品的核心价值就是为用户解决特定的需求，也可以理解为产品的核心竞争力就是满足用户的特定需求。因此在开始进行 UI 设计前，首先要对产品的核心功能定位有一个足够的认识。

如果所开发的产品是以文字信息为主（如新闻、社交类 App 或者电子书），这样的产品 UI 比较适合使用浅色调的背景颜色，因为界面内容的可读性占据用户体验的首要位置。

◆ **案例分析**

图 1-11 所示是一个电子书 App 界面设计，使用白色作为界面背景颜色，搭配界面中接近黑色的深灰色文字，信息内容的表现非常清晰，便于用户阅读。界面底部的功能操作图标和操作按钮使用了高饱和度的蓝色，使界面整体表现明亮、清爽，界面内容具有很高的可读性。

电商类 App 也经常使用白色作为界面的背景颜色，因为白色能够有效凸显界面中产品色彩的表现，使产品图片和产品信息看起来更加直观、清晰。图 1-12 所示是一个生鲜商品电商 App 界面设计，使用白色作为界面背景颜色，使界面中各种蔬菜水果图片的表现非常清晰、直观，局部点缀高明度的黄色功能图标和按钮，有效突出了功能操作选项。

图 1-11　电子书 App 界面配色

图 1-12　生鲜商品电商 App 界面配色

提示　通过实验研究发现，深色文字在浅色背景上会表现得更好。因为浅色会增加界面的空间感，不会使界面显得厚重拥挤，用户更容易集中注意力到内容中去。

如果所开发的产品需要在视觉上具有很强的吸引力，那么产品 UI 选用深色调的背景更加合适。深色调背景虽然显得很厚重，但是由于其吸收了界面中其他元素的光，更有利于表现非文字形式的内容。产品的内容不仅与文字相关，还包括图标、图像、符号和数字等，它们都属于内容的范畴。此外，深色背景会给产品营造出一种特有的神秘感和奢华感，能够从更深的层次来反映内容。

◆ **案例分析**

图 1-13 所示是一个奢侈品电商 App 界面设计，使用黑色作为界面的背景颜色，在界面中搭配无彩色的灰色块及白色的文字，并且界面设计非常简洁，整体给人带来强烈的高档与奢华感。购物车等功能操作图标则使用棕色表现，在界面中显得特别突出。

图 1-14 所示是一个旅行日志分享 App 界面设计，使用明度和饱和度都比较低的深灰蓝色作为界面背景颜色，给人一种宁静、沉稳的印象。界面中搭配接近白色的浅灰色文字，使用高饱和度的青色点缀重点功能图标，视觉表现效果非常清晰、突出，同时也使得界面整体能够保持深色背景给人带来的沉稳感。

图 1-13　奢侈品电商 App 界面配色

图 1-14　旅行日志分享 App 界面配色

1.2.2　确定目标用户群体

通过分析产品的目标受众群体，往往能够让设计师更清楚需要先做什么，后做什么。了解潜在用户，掌握他们想从所设计的网站或者 App 中获得什么，这样才能为设计出可用、有用且具有吸引力的 UI 奠定坚实的基础。

中老年人更加喜欢以浅色为主的配色方案，这样的界面对中老年人而言更加直观，也更易于导航。年轻人更加喜欢深色背景的界面设计，因为其表现更加时尚、现代。青少年和儿童喜欢欢快、明亮的界面，一些有趣的细节设置也可以很好地吸引低年龄段用户的关注。以目标受众群体为中心进行设计，可以让设计决策更加明晰。

◆ **案例分析**

使用浅色背景能够凸显界面中的内容，也符合人们的阅读习惯。图 1-15 所示是一个健康管理 App 界面设计，使用高明度的浅蓝色作为界面背景颜色，在界面中搭配白色文字，并且重点信息内容使用白色背景选项卡突出显示，色调明亮、柔和、舒适，给人的感觉温馨而自然。

图 1-16 所示是一个餐饮美食 App 界面设计，使用黑色作为界面背景颜色，搭配白色文字和高饱和度黄色功能操作按钮和菜单选项，与黑色背景形成强烈的对比，使得界面的表现时尚且富有动感，这样的界面设计深受年轻用户的喜爱。

图 1-17 所示是一个针对儿童早教的 App 界面设计，使用白色作为界面背景颜色，高饱和度的黄色作为界面的主题色，使界面的表现效果更加欢乐、活泼。界面中的功能图标使用了不同颜色的卡通风格进行表现，使界面充满了童趣，特别能够吸引低龄儿童的关注。

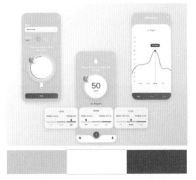

图 1-15　符合中年人审美的浅色配色方案　　　图 1-16　符合年轻人审美的深色配色方案

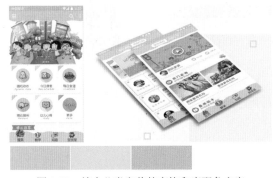

图 1-17　符合儿童审美的高饱和度配色方案

1.2.3　分析竞争对手

市场环境下，必须要面对许多同类型产品的竞争，需要对市场上同类型的产品进行调研分析，掌握哪些设计方案已经被竞争者所使用，应该放弃已经被竞争对手使用过的设计方案。否则结果可能是，等到产品已经进入测试阶段，即将上线，才发现市场上已经有了一个极其类似的产品。因此，对市场进行调研，在产品研发早期阶段就可以放弃一些过时无用的设计方案，避免无用功。

配色方案的选取会直接影响产品在竞争中看起来是否足够突出，会影响用户初次使用时是否愿意与之互动。花费时间去探索已有的同类竞争对手的产品，能够节省很多时间和精力。

◆　**案例分析**

图 1-18 所示是一个家居产品 App 界面设计，使用浅蓝色作为界面背景颜色，界面中多处使用高饱和度的蓝色和洋红色进行搭配，与同样高饱和度色彩的产品相呼应，体现出产品的时尚与现代感，白色与高饱和度色彩的搭配使界面表现更加富有现代感和个性感。

图 1-19 所示是一个动物保护 App 界面设计，该 App 界面打破了惯用的白色或深色背景，而是使用低饱和度的灰棕色作为界面背景颜色，搭配纯白色的文字，表现出大自然的泥土气息，局部点缀黄色的功能图标，与背景形成对比，表现效果独具个性。

图 1-18　家居产品 App 界面配色　　　　图 1-19　动物保护 App 界面配色

1.2.4　产品测试

基于用户群体、可用性、吸引力等不同因素确定配色方案的大概方向后，每个设计方案都应该在不同的分辨率、不同的屏幕及不同条件下进行适当的测试。在将产品投放市场之前，不间断的测试会揭示出配色方案的强弱。如果设计方案的效率低下，可能会给用户留下不好的第一印象。

◆　**案例分析**

图 1-20 所示是一个响应式食品宣传网站 UI 设计，使用白色作为界面的背景颜色，表现出清新、自然的视觉风格，使得界面中的商品表现更加直观。在界面局部使用高饱和度的黄色作为点缀，突出重要信息的表现，并且该网站 UI 在不同的设备中浏览都能够获得很好的视觉效果，从而保证了界面视觉效果的统一表现。

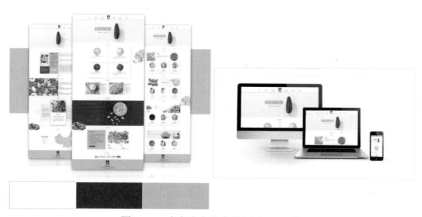

图 1-20　响应式食品宣传网站 UI 配色

1.3　理解色彩印象

日常生活中，人们喜欢阳光、喜欢彩色，不同程度的色相对比不仅有利于人们识别不同程度的色相差异，还可以满足人们对色彩的不同要求。色相可分为红色、橙色、黄色、绿色、青色、蓝色、紫色、黑色、白色、灰色等几种，本节主要从色相出发，分别选用适合不同色相的 UI 进行分析，为以后在 UI 设计过程中对色彩的选择提供很好的借鉴和帮助。

1.3.1 红色

在整个人类的发展历史中，红色始终代表着一种特殊的力量与权势，很多宗教仪式中都经常使用鲜明的红色。在我国，红色一直都象征着吉祥、幸福。同时，鲜血、火焰、危险、战争、狂热等极端的感觉都可以与红色联系在一起。红色所具有的这种生命力，在很多艺术家的作品中得到了淋漓尽致的发挥。

红色的色感温暖，性格刚烈而外向，是一种刺激性很强的颜色。红色容易引起人的注意，也容易使人兴奋、激动、紧张，还容易使人产生视觉疲劳。

在红色中加入少量黄色，会使其热力强盛，趋于热烈、激情；在红色中加入少量蓝色，会使其热情减弱，趋于文雅、柔和；在红色中加入少量黑色，会使其性格变得沉稳，趋于厚重、朴实；在红色中加入少量白色，会使其性格变得温柔，趋于含蓄、羞涩、娇嫩。

◆ **案例分析**

图 1-21 所示是一个汽车 App 界面设计，使用白色作为界面的背景颜色，突出界面中图片和文字信息内容的表现，界面中的汽车产品则使用了高饱和度的深红色背景进行突出表现。点击卡片可以进入该汽车产品的详情界面，红色的背景给人带来激情、热烈的印象。

冰淇淋是年轻女性的最爱，图 1-22 所示是一个冰淇淋 App 界面设计，使用高明度、低饱和度的粉红色与白色相搭配，粉红色给人一种柔和、甜美的感觉，白色和粉红色都是高明度色彩，使得整个界面的表现明亮，且充满甜美的气息。

图 1-21 汽车 App 界面配色

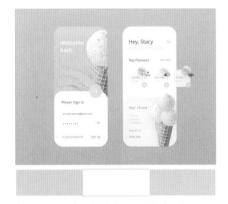

图 1-22 冰淇淋 App 界面配色

1.3.2 橙色

橙色又称橘黄色或橘色，具有明亮、华丽、健康、兴奋、温暖、欢乐、动人等色彩情感。橙色通常会给人一种朝气与活泼的感觉，可以使原本抑郁的心情豁然开朗。

橙色在空气中的穿透力仅次于红色，而色感比红色更暖。鲜明的橙色是色彩中给人感觉最暖的颜色，不过橙色也是容易造成视觉疲劳的颜色。在东方文化中，橙色象征着爱情和幸福，充满活力的橙色会给人以健康的感觉，并且橙色还能够增强人们的食欲。

◆ **案例分析**

　　橙色特别适合表现快餐食品类 UI，能够有效增强用户的食欲。图 1-23 所示是一个快餐品牌宣传网站 UI 设计，使用不同明度和纯度的橙色相搭配，表现出一种欢乐、热烈的情感，很容易感染浏览者。

　　图 1-24 所示是一个运动 App 界面设计，使用高饱和度的橙色作为界面的主题色，通过橙色与白色相搭配，使得界面的表现非常富有活力，在界面中点缀绿色的按钮，体现出运动带给人们的健康感觉。

图 1-23　快餐品牌宣传网站 UI 配色

图 1-24　运动 App 界面配色

1.3.3　黄色

　　黄色的光感最强，给人以光明、辉煌、轻快、纯净的印象。在相当长的一个历史时期内，帝王与宗教传统上均以辉煌的黄色作为服饰、家具、宫殿与庙宇的主要色彩，给人以崇高、智慧、神秘、华贵、威严、仁慈的感觉。

　　黄色会让人联想到酸酸的柠檬、明亮的向日葵、香甜的香蕉、淡雅的菊花等，同时在心理上产生快乐、明朗、积极、年轻、活力、轻松、辉煌、警示的感受。

　　明亮的黄色可以给人以甜蜜幸福的感觉，在很多艺术家的作品中，黄色都用来表现喜庆的气氛和富饶的景象。同时，黄色还可以起到强调突出的作用。

◆ **案例分析**

　　图 1-25 所示是一个社交分享类 App 界面设计，使用白色作为界面的背景颜色，使界面内容的表现明亮、清晰。在界面中搭配高饱和度的黄色，有效活跃界面的整体氛围，使界面的表现充满活力。

　　黄色非常适合作为美食产品的配色，能够给人带来香甜、美好的印象。图 1-26 所示是一个蛋糕美食网站 UI 设计，使用高明度的黄色与白色搭配，使网站 UI 的表现非常明亮、清爽。在界面中搭配同样高明度的蓝色标题文字，整体表现柔和、美好，让人感觉非常舒适。

图 1-25　社交分享类 App 界面配色　　　　图 1-26　蛋糕美食网站 UI 配色

1.3.4　绿色

绿色是人们在自然界中看到最多的色彩，容易让人联想到碧绿的树叶、新鲜的蔬菜、微酸的苹果、鲜嫩的小草、高贵的绿宝石等。同时在心理上产生健康、新鲜、生长、舒适、天然的感觉，象征着青春、和平、安全。

人们称绿色为生命之色，并把它作为农业、林业、畜牧业的象征色。由于绿色的生物和其他生物一样，具有诞生、发育、成长、成熟、衰老、死亡的过程，这就使绿色呈现出各个不同阶段的变化，因此黄绿、嫩绿、淡绿象征着春天和稚嫩、生长、青春与旺盛的生命力；艳绿、盛绿、浓绿象征着夏天和茂盛、健壮与成熟；灰绿、褐绿便意味着秋冬和农作物的衰老与死亡。

◆　**案例分析**

绿色是大自然的色彩，能够表现出产品的绿色、健康、纯天然的品质。图 1-27 所示是一个生鲜电商 App 界面设计，使用白色作为界面的背景颜色，在界面中搭配高饱和度的绿色，表现出产品的绿色与健康品质，在界面中点缀橙色，从而使界面的表现更加富有活力。

图 1-28 所示是一个果汁饮料宣传网站 UI 设计，使用中等明度的绿色作为界面背景颜色，与果汁产品自身的绿色相呼应，很好地体现出果汁产品的新鲜、纯天然品质，搭配高饱和度的橙色图标和按钮，具有突出重要功能选项、活跃界面氛围的作用。

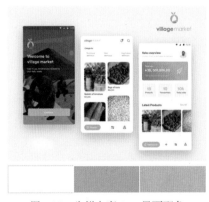

图 1-27　生鲜电商 App 界面配色　　　　图 1-28　果汁饮料宣传网站 UI 配色

1.3.5　青色

青色可以说是草绿色的健康和蓝色的清新感觉的结合体，但在自然界中它并不多见，会给人以较强的人工制作的感觉，这也使它在保留自然颜色原有特点的同时，又具备了特殊的效果。青色通常会给人带来凉爽、清新的感觉，而且青色可以使人原本兴奋的心情冷静下来。

青色可以作为以绿色或蓝色为主色调的 UI 的过渡颜色，能够对比较鲜亮的颜色，起到中和作用。青色与黄色、橙色等颜色搭配可以营造出可爱、亲切的氛围；青色与蓝色、白色等颜色搭配可以得到清新、爽朗的效果；青色与黑色、灰色等颜色搭配，可以突出艺术气息。

◆　**案例分析**

图 1-29 所示是一个医疗健康 App 界面设计，使用青绿色到青色的渐变色作为该界面的背景颜色，在界面中搭配白色的文字和色块，使界面表现出一种清新、洁净、健康的视觉印象。青色非常适合作为医疗、保健、健康类产品的配色。

图 1-30 所示是一个医疗保健网站 UI 设计，白色的背景与不同明度的青色相搭配，使界面表现出一种清爽、洁净、平和的感觉，给人以安心感。在青色的背景上搭配纯白色的图形与文字，给人一种清爽感，并且表现效果非常清晰。

图 1-29　医疗健康 App 界面配色　　　　图 1-30　医疗保健网站 UI 配色

1.3.6　蓝色

蓝色会使人很自然地联想到大海和天空，使人产生一种爽朗、开阔、清凉的感觉。作为冷色的代表颜色，蓝色给人以很强的安稳感，同时蓝色还能够表现出和平、淡雅、洁净、可靠等多种感觉。目前，很多科技类网站和 App 应用都使用蓝色与青色的搭配效果。

高饱和度的蓝色会给人一种整洁轻快的印象，低饱和度的蓝色会给人一种都市化的现代印象。低饱和度的蓝色主要用于营造安稳、可靠的氛围，而高饱和度的蓝色可以营造出高贵、严肃的氛围。

蓝色与绿色、白色相搭配象征着蓝天、绿树、白云，现实生活中蓝色也是非常常见的，带给人以纯天然的感受。选择明亮的蓝色作为主色调，配以白色的背景和灰亮的辅助色，可以使界面表现干净、整洁，给人以庄重、充实的印象。蓝色与青色、白色相搭配，可以使界面看起来非常干净、清澈。

◆ **案例分析**

图 1-31 所示是一个金融 App 界面设计，蓝色可以带给人很强的科技感，而白色可以带给人洁净感，使用蓝色和白色进行搭配，在界面中划分不同的内容区域，界面的层次感十分清晰，整体给人以非常整洁、清晰的视觉效果，具有很好的辨识度。

图 1-32 所示是一个酒类产品宣传网站 UI 设计，整体给人以纯净、轻快的印象，透明感十足，深蓝色可以给人以忧郁、理性和高雅的感觉。浅蓝色的融入，带给人明净、纯天然的感受。黄色象征着温暖与舒适，适量点缀黄色会使界面具有轻快、活力的感觉。

图 1-31　金融 App 界面配色

图 1-32　酒类产品宣传网站 UI 配色

提 示　自然界中呈现蓝色的地方往往是人类所知甚少的地方，如宇宙和深海，令人感到神秘莫测，现代人把它作为科学探究的领域，因此蓝色就成为现代科学的象征色，给人以冷静、沉思、智慧的感觉，象征着征服自然的力量。

1.3.7　紫色

紫色是人们在自然界中较少见到的色彩，能够让人联想到优雅的紫罗兰、芬芳的薰衣草等，因此具有高贵感，可以营造出高尚、雅致、神秘与阴沉等氛围。

在可见光谱中，紫色光的波长最短，尤其是看不见的紫外线更是如此，因此，眼睛对紫色光的细微变化的分辨力很弱，容易引起视觉疲劳。灰暗的紫色代表伤痛、疾病，容易造成心理上的忧郁、痛苦和不安。浅紫色则是鱼胆的颜色，容易让人联想到鱼胆的苦涩。但是，明亮的紫色好像天上的霞光、原野上的鲜花、情人的眼睛、动人心神，使人感到美好，因此常用来象征爱情。

◆　**案例分析**

　　图 1-33 所示是一个相机 App 界面设计，使用低明度的深紫色作为界面背景颜色，在界面中搭配深灰色，界面整体色调偏暗，使界面表现出强烈的时尚与神秘感。界面中的图标和文字都使用白色进行搭配，与背景形成强烈对比，具有良好的视觉表现效果。

　　图 1-34 所示是一个鲜花网站 UI 设计，使用明亮柔和的紫色作为界面的主题色，给人一种雅致与美好的印象，并且与大图相呼应。与浅灰色背景相搭配，界面表现非常平和、舒适，给人以淡雅、舒适、美好的感觉。点缀少量明亮的黄色，为界面增添活力，很好地突出了相应信息内容的表现。

图 1-33　相机 App 界面配色

图 1-34　鲜花网站 UI 配色

1.3.8　黑色

　　在商业设计中，黑色具有高贵、稳重、科技的意象，科技产品如电视、跑车、摄影机、音响、仪器等的色彩大多采用黑色。黑色还具有庄严的意象，因此也常用在一些特殊场合的空间设计中，生活用品和服饰大多利用黑色塑造高贵的形象。此外，黑色也是一种永远流行的主要颜色，适合与大多数色彩搭配使用。

　　黑色本身是无光无色的，当作为背景色时，能够很好地衬托出其他颜色，尤其与白色相搭配时，对比非常分明，白底黑字或黑底白色的可视度最高。

◆　**案例分析**

　　图 1-35 所示是一个共享电动车 App 界面设计，使用黑色作为界面的背景颜色，在界面中搭配白色的文字，表现效果清晰、强烈。界面中的重要信息和功能操作图标则使用了高饱和度的蓝色进行搭配，体现出洁净、环保的印象。高饱和度的蓝色与背景的黑色形成强烈的对比，整体给人一种富有现代感的视觉效果。

　　图 1-36 所示是一个汽车宣传网站 UI 设计，使用黑色作为界面的背景颜色，而汽车本身是非常明亮的黄色，与背景产生强烈的对比效果，非常突出。在界面中搭配少量浅灰色和黄色的文字，界面简洁，效果突出。

图 1-35　共享电动车 App 界面配色

图 1-36　汽车宣传网站 UI 配色

1.3.9　白色

在商业设计中，白色具有高级、科技的意象，通常需要和其他色彩搭配使用。纯白色给人以寒冷、严峻的感觉，并且白色还具有洁白、明快、纯真、清洁与和平的情感体验。白色很少单独使用，通常与其他颜色混合使用，纯粹的白色背景对于 UI 内容的干扰最小。

◆　**案例分析**

白色是 App 界面设计中最常用到的背景颜色，可以使界面的表现更加纯净、高雅。图 1-37 所示是一个手表产品 App 界面设计，使用无彩色进行搭配，白色的界面背景，搭配浅灰色选项标题背景，以及黑色的功能操作图标和文字，使得界面的色调表现统一，界面整体简洁、高雅，产品图片和信息的表现非常直观。

图 1-38 所示是一个家装设计网站 UI 设计，使用纯白色作为界面的背景颜色，搭配接近白色的浅灰色，使整个界面看起来更加简洁、纯净，为界面中的 Logo 及重要选项部分点缀少量绿色，有效突出重点信息，并能够给浏览者带来健康、清新的感受。

图 1-37　手表产品 App 界面配色

图 1-38　家装设计网站 UI 配色

1.3.10　灰色

灰色具有柔和、高雅的意象，随着配色的不同，既可以很动人，也可以很平静。灰色较为中性，象征知性、老年、虚无等，容易使人联想到工厂、都市、冬天的荒凉等。在商业设计中，许多高科技产品，尤其是和金属材料有关的产品，几乎都采用灰色来传达高级、科技的形象。由于灰色过于朴素和沉闷，在使用灰色时，大多利用不同的层次变化组合或搭配其他色彩，使其不会产生呆板、僵硬的感觉。

◆ 案例分析

灰色能够表现出时尚、高雅的印象。图 1-39 所示是一个男士手表产品 App 界面设计，使用不同明度的灰色进行搭配，浅灰色作为界面背景颜色，而产品图片则使用更浅的灰色块进行突出表现，与背景形成层次感。界面中的文字和购买按钮使用深灰色，整体色调统一，给人一种高档、雅致的印象。

图 1-40 所示是一个家居产品网站 UI 设计，使用无彩色进行搭配，中灰色作为界面背景颜色，产品信息部分则搭配浅灰色的背景，增强了界面的色彩层次感。该网站中的家居产品多采用黑、白、灰或原木色，无彩色的网站 UI 配色与产品色彩相呼应，表现出简洁、自然、纯粹的印象。

图 1-39　男士手表产品 App 界面配色

图 1-40　家居产品网站 UI 配色

1.4　课堂操作——在线图书 App 配色设计

视频：视频 \ 第 1 章 \ 1-4.mp4　　　　源文件：源文件 \ 第 1 章 \ 1-4.xd

◆ 案例分析

本案例是一个在线图书 App 界面的配色设计，最终效果如图 1-41 所示。

背景色：白色。使用纯白色作为界面的背景颜色，白色也是 App 界面最常用的背景颜色，对界面内容的干扰最小，能够有效突出内容的表现。

主题色：青绿色。使用青绿色作为界面的主题色，与白色的背景相搭配，给人一种清爽、洁净的印象。界面顶部的青绿色背景图形与底部标签的青绿色背景相呼应，很好地划分出界面不同的内容区域。

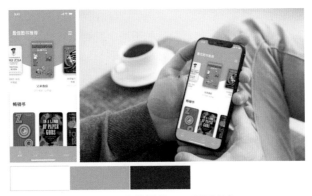

图 1-41　在线图书 App 界面配色

　　文字颜色：在白色背景上搭配深灰色文字，在青绿色背景上搭配白色文字，始终保持内容的清晰、易读，界面整体给人以清爽、舒适、自然的印象。

◆ **制作步骤**

　　Step 01 启动 Adobe XD，执行"新建"命令，在打开的"新建"窗口中选择手机选项，如图 1-42 所示。新建一个 iPhone X/XS/11 Pro 屏幕尺寸大小的文档，如图 1-43 所示。

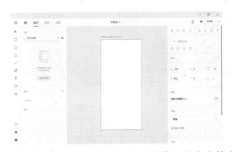

图 1-42　"新建"窗口　　　　　图 1-43　新建 iPhone X/XS/11 Pro 屏幕尺寸大小的文档

　　Step 02 使用"椭圆工具"，按住 Shift 键在画板中拖动鼠标绘制一个圆形，如图 1-44 所示。在右侧的属性面板中设置该圆形的 W（宽度）和 H（高度）属性均为 486，如图 1-45 所示。

图 1-44　绘制圆形　　　　　图 1-45　设置 W（宽度）和 H（高度）属性

　　Step 03 在右侧的属性面板中设置该圆形的"填充"属性值为 #5ABD8C，"边界"为无，如图 1-46 所示。在画板中调整该圆形到合适位置，效果如图 1-47 所示。

图 1-46　设置"填充"属性　　　　　　　　图 1-47　调整圆形位置

Step04 打开"素材 14.xd"文件，将状态栏内容复制并粘贴到当前画板中，如图 1-48 所示。使用"文本"工具在画板中单击并输入文字，在属性面板中设置文字的相关选项，并设置文字的"填充"为白色，效果如图 1-49 所示。

图 1-48　拖入状态栏　　　　　　　　　图 1-49　输入文字并设置属性

Step05 打开"素材 14.xd"文件，将菜单图标复制并粘贴到当前画板中，并修改该图标的"填充"为白色，如图 1-50 所示。将素材图像 1401.png 拖入画板，并调整到合适的位置，如图 1-51 所示。

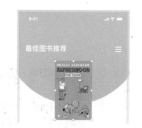

图 1-50　拖入菜单图标并修改颜色　　　　图 1-51　拖入图像并调整位置

Step06 选择拖入的图像，在属性面板中选择"阴影"复选框，设置阴影颜色为 75% 的 #6390BA，对其他选项进行设置，图像阴影效果如图 1-52 所示。使用"文本"工具在画板中单击并输入文字，在属性面板中设置文字的相关选项，并设置文字的"填充"为深灰色，效果如图 1-53 所示。

Step07 使用相同的制作方法，可以拖入其他图像并输入文字，完成该部分内容的制作，效果如图 1-54 所示。使用相同的制作方法，完成界面下方图书列表的制作，效果如图 1-55 所示。

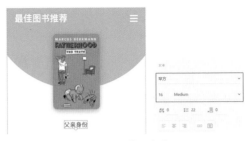

图 1-52　设置"阴影"选项　　　　　　　　　　图 1-53　输入文字

图 1-54　界面效果　　　　　　　　　　　　图 1-55　界面效果

Step08 使用"矩形"工具在画板的底部绘制一个 375px×85px 的矩形，设置"填充"为 #5ABD8C，"边界"为无，效果如图 1-56 所示。打开"素材 14.xd"文件，将首页图标复制并粘贴到当前画板中，修改该图标的"填充"为白色，如图 1-57 所示。

图 1-56　绘制矩形　　　　　　　　　　　　图 1-57　复制图标到画板中

Step09 使用"文本"工具在画板中单击并输入文字，在属性面板中设置文字的相关选项，如图 1-58 所示。使用相同的制作方法，完成底部工具栏的制作，效果如图 1-59 所示。

图 1-58　输入文字并设置属性

图 1-59　完成底部标签栏的制作

至此，完成该在线图书 App 界面的配色设计，最终效果如图 1-60 所示。

图 1-60　在线图书 App 界面配色效果

1.5　UI 设计中的色彩角色

在 UI 设计中使用不同的配色给人带来的视觉感受也会有很大的差异，可见配色对于 UI 设计的重要性。通常在选择 UI 所使用的色彩时，会选择与产品类型相符的色彩，而且尽量只使用 2 ～ 3 种色彩进行搭配，调和各种色彩使其达到稳定、舒适的视觉效果。

1.5.1　主题色——传递界面主题

色彩是 UI 设计表现的要素之一。UI 设计中，按照和谐、均衡和重点突出的原则，将不同的色彩进行组合，构成视觉效果均衡的界面，同时根据色彩对人们心理的影响，合理地加以运用。

主题色是指在 UI 设计中最主要的颜色，包括大面积的背景色、装饰图形颜色等构成视觉中心的颜色。主题色是 UI 设计配色的中心色，搭配其他颜色时通常以此为基础。

◆　案例分析

图 1-61 所示是一个餐饮美食 App 界面设计，使用白色作为界面背景颜色，突出界面中美食图片和文字内容的表现，在部分界面的顶部和底部搭配高饱和度的绿色。绿色作为界面的主题色，表现出美食产品的新鲜和健康品质。

图 1-62 所示是一个旅游网站 UI 设计，使用精美的风景摄影图片作为界面的背景，并且在背景图片上覆盖半透明的深蓝色。深蓝色作为界面的主题色，与背景中的海边摄影图片相

结合，给人一种宁静、舒适的印象，局部点缀高饱和度橙色突出重点内容，整个界面的表现非常简洁、清晰。

图 1-61　餐饮美食 App 界面配色　　　　图 1-62　旅游网站 UI 配色

提示　　色彩作为视觉信息，时刻影响着人类的正常生活。美妙的自然色彩刺激和感染着人们的视觉和心理情感，给人们带来丰富的视觉空间。

UI 设计中的主题色主要是由 UI 中整体栏目或中心图像所形成的中等面积的色块，它在界面空间中具有重要的地位，通常形成 UI 的视觉中心，如图 1-63 所示。

图 1-63　主题色在 UI 中所占面积示意图

主题色的选择通常有两种方式：如果需要产生鲜明、生动的效果，则选择与背景色或者辅助色呈对比的色彩；如果需要整体协调、稳重，则选择与背景色、辅助色相近的相同色或邻近色。

◆ **案例分析**

图 1-64 所示是一个汽车 App 界面设计，使用高饱和度的蓝色作为界面的主题色，与白色相搭配，使界面内容表现清爽、简洁。蓝色具有理想、坚定、科技感等印象，能够表现出汽车产品的科技与时尚感。

图 1-65 所示是一个企业宣传网站 UI 设计，红色作为该网站 UI 的主题色，与该企业 Logo 色彩相呼应，并且高饱和度的红色在白色的界面背景中表现非常突出。将主题色应用于界面中的多个重点区域，包括导航和栏目标题等，能够起到突出和强调的作用，界面整体表现出热情、大方、富有激情的企业精神。

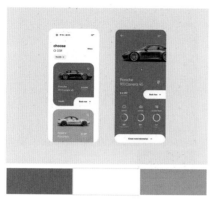

图 1-64　汽车 App 界面配色

图 1-65　企业宣传网站 UI 配色

1.5.2　背景色——支配 UI 整体情感

背景色是指 UI 设计中大面积的表面颜色，即使是同一个界面，如果背景色不同，带给人的感觉也截然不同。背景色由于占有绝对的面积优势，支配着整个界面的整体情感，是 UI 配色首先关注的重点部分。

目前 UI 设计最常使用的背景颜色主要是白色和深色调颜色，也包括其他纯色背景、渐变颜色背景和图片背景等几种类型。背景色也被称为界面的"支配色"，背景色是决定 UI 整体配色印象的重要颜色。

背景色对 UI 整体情感印象的影响比较大，因为背景在 UI 中占据的面积最大。使用柔和的色调作为界面的背景色，可以形成易于协调的背景。如果使用鲜丽的颜色作为界面的背景色，可以使 UI 产生活跃、热烈的印象。

◆　**案例分析**

在 App 界面的设计中，通常使用白色作为界面的背景颜色，因为纯白色背景能够凸显界面中内容的表现，也是对界面可读性影响最小的背景颜色。图 1-66 所示是一个音乐 App 界面设计，使用纯白色作为界面背景颜色，使界面中的信息内容和功能操作图标表现非常清晰，整个界面给人以简洁、干净的印象。

深色的界面背景颜色能够给人带来时尚与现代感。图 1-67 所示是一个餐饮美食 App 界面设计，使用明度和饱和度都很低的深灰蓝色作为界面的背景颜色，搭配高明度的黄色主题色，与背景形成强烈对比，使界面中的美食产品图片和功能操作按钮表现非常醒目，界面整体视觉效果具有很强的现代感。

使用图片作为界面的背景，主要是为了突出表现该界面的视觉风格，与渐变颜色背景相似，通常只有信息量较少的界面才会使用图片作为界面背景来渲染界面的视觉效果。图 1-68 所示是一个房屋中介 App 界面设计，使用房屋图片过渡到深棕色背景颜色作为界面的背景，深棕色背景颜色部分放置少量的信息文字内容，表现效果简洁、直观。房屋详情界面直接使用房屋的内部图片作为背景，表现效果非常直观。

图 1-69 所示是一个汽车宣传网站 UI 设计，使用饱和度较高的黄色作为界面的背景颜色，搭配红色的汽车产品，给人一种年轻、时尚、富有活力的感觉。

图 1-66　音乐 App 界面配色

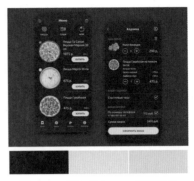

图 1-67　餐饮美食 App 界面配色

图 1-68　房屋中介 App 界面配色

图 1-69　汽车宣传网站 UI 配色

> **提示**　在人们的脑海中，看到色彩通常就会联想到相应的事物。眼睛是视觉传达的最好工具，当看到一个画面时，人们第一眼看到的就是色彩，例如，绿色能够给人以清爽的感觉，象征着健康，因此人们不需要看主题文字，就会知道这个画面在传达着什么信息，简单易懂。

1.5.3　辅助色——营造独特的 UI 风格

通常情况下，一个界面内都不止一种颜色，除了具有视觉中心作用的主题色，还有一类陪衬主题色或与主题色互相呼应的辅助色。

辅助色的视觉重要性和体积次于主题色和背景色，通常用于陪衬主题色，使主题色更加突出。在界面中通常为较小的元素搭配辅助色，如按钮、图标等。辅助色可以是一个颜色或者一个单色系，还可以是由若干颜色组成的颜色组合。

◆　**案例分析**

图 1-70 所示是一个机票预订 App 界面设计，蓝色作为该界面的主题色，白色作为该界面的背景色，使整个界面表现出蓝天、白云的自然印象，非常适合作为机票预订 App 界面的配色。加入深蓝色作为辅助色，使得界面的层次更加丰富，有利于在界面中划分不同的功能区

域，使界面结构更加清晰。

　　图 1-71 所示是一个儿童服饰网站 UI 设计，白色作为界面的背景颜色，使界面内容表现更加清晰、直观。黄色作为界面的主题色，突出表现儿童的天真与活泼个性，使用蓝色作为辅助色，与黄色的主题色形成对比，使界面表现充满活力。

图 1-70　机票预订 App 界面配色

图 1-71　儿童服饰网站 UI 配色

　　辅助色作为主题色的衬托，可以使界面充满活力，给人以鲜活的感觉。辅助色与主题色的色相相反，能够起到突出主题的作用。辅助色如果面积太大或是纯度过强，都会弱化关键的主题色，所以相对的暗淡、适当的面积才会达到理想的效果。

　　在界面中为主题色搭配辅助色，可以使界面产生动感，活力倍增。辅助色通常与主题色保持一定的色彩差异，既能够凸显出主题色，又能够丰富界面的整体视觉效果。

◆ **案例分析**

　　图 1-72 所示是一个咖啡预订 App 界面设计，使用白色作为界面的背景颜色，绿色作为界面的主题色，表现出自然、健康的印象。使用与主题色相反色相的红色作为辅助色，与主题色形成对比，使界面的表现更加富有活力。

　　图 1-73 所示是一个医疗健康 App 界面设计，使用白色作为界面的背景颜色，蓝色作为界面的主题颜色，蓝色与白色相搭配给人以清爽、洁净的印象，加入青色的按钮，界面整体色调统一，界面整体表现清爽、和谐、统一。

图 1-72　咖啡预订 App 界面配色

图 1-73　医疗健康 App 界面配色

1.5.4 点缀色——强调重点信息与功能

点缀色是指界面中面积较小的颜色，易于变化的物体的颜色，如图片、文字、图标和其他装饰颜色。点缀色通常采用强烈的色彩，常以对比色或高纯度色彩来加以表现。

点缀色通常用来打破单调的界面整体效果，所以如果选择与背景色过于接近的点缀色，就不会产生理想效果。为了营造出生动的界面空间氛围，点缀色应选择比较鲜艳的颜色。在少数情况下，为了营造特殊的低调柔和的整体氛围，可以选用与背景色接近的色彩。

在不同的界面位置上，对于点缀色而言，主题色、背景色和辅助色都可能是界面点缀色的背景。在界面中点缀色的应用不在于面积大小，面积越小，色彩越强，点缀色的效果才会越突出，如图 1-74 所示。

图 1-74 点缀色在界面中所占面积示意图

◆ **案例分析**

图 1-75 所示是一个电商 App 界面设计，使用纯白色作为界面的背景颜色，突出界面中产品图片和文字信息的表现，非常清晰、直观。为产品折扣信息和底部的"购物袋"图标点缀高饱和度的红色，表现效果非常突出，并且红色的加入也使得界面表现更加热情、大方。

图 1-76 所示是一个运动服饰网站 UI 设计，使用灰色作为界面的背景颜色，与黑色相搭配，界面表现稳重、大气，在界面局部加入橙色的点缀色，改变界面的沉闷感，使网站 UI 更加生动，富有活力。

图 1-75 电商 App 界面配色

图 1-76 运动服饰网站 UI 配色

1.6　课堂操作——运动鞋 App 配色设计

视频：视频 \ 第 1 章 \ 1-6.mp4　　　　源文件：源文件 \ 第 1 章 \ 1-6.xd

◆ **案例分析**

本案例是一个运动鞋 App 界面的配色设计，最终效果如图 1-77 所示。

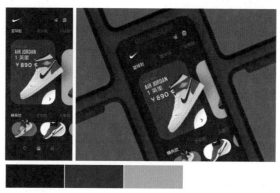

图 1-77　运动鞋 App 界面配色

背景色：深灰色。使用接近黑色的深灰色作为界面的背景颜色，深色背景能够给人一种现代感，十分受年轻人的喜爱。

主题色：深红色。为每个运动鞋产品图片搭配一个高饱和度的色彩背景，与背景的深灰色形成非常强烈的对比，有效突出产品的视觉表现效果，同时也使得界面整体表现更加时尚，富有现代感。

文字颜色：界面中的图标和文字都使用了白色进行搭配，与深色背景形成强烈对比，具有很好的可读性。

◆ **制作步骤**

Step01 启动 Adobe XD，新建一个 iPhone X/XS/11 Pro 屏幕尺寸大小的文档，如图 1-78 所示。使用"矩形"工具，在画板中绘制一个和画板尺寸大小相同的矩形，设置该矩形的"填充"为 #19191C，"边界"为无，如图 1-79 所示。

图 1-78　新建 iPhone X/XS/11 Pro 屏幕尺寸大小的文档　　图 1-79　绘制矩形并设置属性

Step02 打开"素材 16.xd"文件，将品牌标志图形复制并粘贴到当前画板中，调整到合适的位置，如图 1-80 所示。使用相同的制作方法，复制其他图标到当前画板中，并修改"填充"为白色，分别调整到合适的位置，如图 1-81 所示。

图 1-80　复制图形到画板中并调整位置

图 1-81　复制其图标到画板中并调整位置

Step03 使用"文本"工具在画板中单击并输入文字，在属性面板中设置文字的相关选项，并设置文字的"填充"为白色，效果如图 1-82 所示。使用相同的制作方法，可以输入其他文字，如图 1-83 所示。

图 1-82　输入文字并设置属性

图 1-83　输入其他文字

Step04 选择"跑步鞋"和"训练鞋"文字，在右侧的属性面板中设置"不透明度"为 20%，效果如图 1-84 所示。使用"矩形"工具，在画板中绘制一个 250px×344px 的矩形，设置该矩形的"填充"为 #7B0A1E，"边界"为无，如图 1-85 所示。

图 1-84　设置"不透明度"选项

图 1-85　绘制矩形并设置属性

Step05 选中刚绘制的矩形，在属性面板中设置其"圆角半径"为 45，效果如图 1-86 所示。将素材图像 1601.png 拖入画板，并调整到合适的位置，如图 1-87 所示。

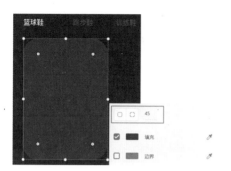 

图 1-86 设置"圆角半径"选项　　　　图 1-87 拖入素材图像并调整位置

Step06 选择刚拖入的素材图像，在属性面板中设置"阴影"为 40% 的 #000000，其他设置如图 1-88 所示。使用"文本"工具在画板中单击并输入文字，对文字进行排版处理，效果如图 1-89 所示。

图 1-88 设置"阴影"选项　　　　图 1-89 输入文字并排版

Step07 使用"椭圆"工具，在画板中按住 Shift 键拖动鼠标绘制一个 168px×168px 的圆形，设置该圆形的"填充"为白色，"边界"为无，如图 1-90 所示。选择红色的圆角矩形，按 Ctrl+C 组合键进行复制，按 Ctrl+V 组合键进行粘贴，如图 1-91 所示。

 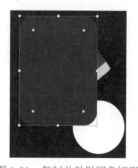

图 1-90 绘制圆形并设置属性　　　　图 1-91 复制并粘贴圆角矩形

Step08 同时选中红色的圆角矩形和白色的圆形并单击鼠标右键，在弹出的快捷菜单中选择"带有形状的蒙版"命令，创建蒙版，效果如图 1-92 所示。打开"素材 16.xd"文件，将箭头图标复制到当前画板中，并修改"填充"为 #7B0A1E，如图 1-93 所示。

图 1-92　创建蒙版　　　　　　　　　图 1-93　复制箭头图标到画板中

Step09 使用相同的制作方法，完成另一个产品卡片效果的制作，每一个产品使用一种高饱和度的背景颜色进行突出表现，如图 1-94 所示。使用"文本"工具在画板中单击并输入文字，效果如图 1-95 所示。

图 1-94　制作其他产品　　　　　　　　　图 1-95　输入文字

Step10 使用"矩形"工具，在画板中绘制一个 142px×75px 的矩形，设置该矩形的"圆角半径"为 45，"填充"为 #FA3B3B，"边界"为无，效果如图 1-96 所示。将素材图像 1603.png 拖入画板，为该素材设置"阴影"为 20% 的 #000000，其他设置如图 1-97 所示。

图 1-96　绘制圆角矩形并设置属性　　　　图 1-97　拖入素材图像并设置"阴影"选项

Step11 使用相同的制作方法，完成相似内容的制作，如图 1-98 所示。打开"素材 16.xd"文件，将相应的图标复制到当前画板中，并分别设置图标的颜色，效果如图 1-99 所示。

至此，完成该运动鞋 App 界面配色设计，最终效果如图 1-100 所示。

图 1-98　制作其他图像

图 1-99　复制图标到画板中并设置颜色

图 1-100　运动鞋 App 界面配色

1.7　UI 配色的基础原则

在黑白显示器年代，设计师并不用考虑设计作品中的色彩搭配。如今，UI 色彩搭配可以说是 UI 设计的关键，恰当地运用色彩搭配，不但能够美化 UI，还能够增加用户的兴趣，引导用户顺利完成操作。

1.7.1　色调的一致性

色调的一致性是指在整个产品的 UI 设计需要采用统一的色调，即有一个主色调。例如，使用绿色表示运行正常，那么该产品的界面配色中就要始终使用绿色表示运行正常，如果界面配色发生了改变，用户就会认为信息的意义也发生了改变。因此，在开始对产品的 UI 进行设计之前，设计师应该统一 UI 中的色彩应用方式，并且在系统的整体UI 设计过程中始终遵守。

◆　**案例分析**

图 1-101 所示是一个儿童早教 App 界面设计，使用白色作为界面的背景颜色，界面信息内容的表现非常清晰、直观，搭配高饱和度的黄色主题色，突出界面主题内容的表现，并且能够使界面的表现更加活跃。各种卡通图形的加入使界面更加适合儿童的心理特征，多个界面保持了统一的配色，整体协调统一。

图 1-102 所示是一个短视频 App 界面设计，使用接近黑色的深灰色作为背景颜色，搭配暗紫色的主题色，使界面整体表现出时尚、个性的印象。界面中的图片选项也进行了偏紫色的调色处理，与深暗的界面背景相搭配，给人一种炫酷的感觉，界面配色保持了很强的一致性。

图 1-101 儿童早教 App 界面配色

图 1-102 短视频 App 界面配色

1.7.2 选择符合人们使用习惯的色彩

对于一些具有很强针对性的产品，在对产品 UI 进行配色设计时，需要充分考虑用户对颜色的喜爱。例如，明亮的红色、绿色和黄色适合用于为儿童设计的应用程序。一般来说，红色表示错误，黄色表示警告，绿色表示运行正常等。

◆ **案例分析**

在与儿童相关的产品 UI 设计中，通常会用卡通形象及高饱和度鲜艳的色彩来吸引儿童的关注。图 1-103 所示是一个儿童相关 App 界面设计，使用白色作为界面背景颜色，界面中的各功能选项则使用了多种高饱和度色彩进行表现，有效区分了不同的选项，并且使界面的表现更加丰富多彩，给人富有活力、充满童趣的印象，容易吸引儿童的关注。

图 1-104 所示是一个女士香水网站 UI 设计，其面向的用户群体主要是年轻女性，所以界面使用了柔和的高明度粉红色作为背景颜色，而主题色是高明度的浅蓝色，用于突出产品的表现，整体的色彩搭配柔和、舒适，同时也符合该香水产品清新、淡雅的定位。

图 1-103 儿童相关 App 界面配色

图 1-104 女士香水网站 UI 配色

1.7.3 使用色彩划分界面元素和内容

不同的色彩可以帮助用户加快对各种数据的识别，明亮的色彩可以有效地突出或者吸引用户对重要区域的注意力。设计师在产品 UI 设计过程中，应该充分利用色彩的这一特征，通过在 UI 设计中使用色彩的对比，突出显示重要的信息区域或功能。

◆ **案例分析**

　　在 UI 设计中，如果希望某一部分内容能够从界面中凸显出来，最简单的方法就是为该部分内容添加与背景形成对比的色块背景。图 1-105 所示是一个共享滑板车 App 界面设计，使用深灰蓝色作为界面背景颜色，给人一种时尚与现代感，在界面中搭配白色的文字，视觉效果非常突出。当前选择的滑板车则使用了高饱和度蓝色背景进行突出表现，并且界面中重要的功能操作图标和按钮同样使用了高饱和度的蓝色，与背景形成强烈的对比，视觉表现效果突出。

　　图 1-106 所示是一个金融 App 界面设计，使用蓝色作为界面的主题色，不同明度和饱和度的蓝色在界面中划分出不同的信息内容区域，使界面中内容的划分非常清晰，并且不同明度和饱和度的蓝色搭配，保持了色调的统一，具有很强的色彩层次感。

图 1-105　共享滑板车 App 界面配色

图 1-106　金融 App 界面配色

　　图 1-107 所示是一个足球游戏介绍网站 UI 设计，采用了当前比较流行的长页面的布局形式，使用同色系不同明度的蓝色调将整个界面从上至下划分为多个不同的内容区域，在每个内容区域中，又综合运用图文结合和色彩对比的手法，使得界面结构层次非常清晰。整个界面给人一种沉稳、大气的印象，局部点缀红色的按钮，突出重点功能的表现。

在网站 UI 设计中，长页面的形式通常都会通过不同的背景颜色来划分界面中不同的内容区域，这样可以使界面的内容结构更加清晰

图 1-107　足球游戏介绍网站 UI 配色

1.7.4 为用户提供界面可选配色方案

许多产品的界面都会为用户提供多种配色方案，这样可以满足用户个性化的需求和个人色彩的喜好习惯，如 Windows 操作系统界面、浏览器界面、QQ 聊天界面等。设计师在 UI 设计过程中，可以考虑设计多种配色方案，便于用户在使用过程中自由选择，这样也能更好地满足不同用户的需求。

◆ **案例分析**

图 1-108 所示是一个日历 App 界面设计，为用户提供了两种配色方案，一种是白色背景搭配蓝色文字的传统配色方案，视觉表现效果清晰、直观；另一种是富有现代感并深受年轻人喜爱的深蓝色背景搭配浅色文字的配色方案，用户可以自由选择使用任意一种配色方案，从而满足不同用户的需求。

图 1-109 所示是一个音乐 App 界面设计，设计了 3 种不同配色方案供用户选择，这 3 种配色方案的共同点就是都采用了同色系搭配，并且背景都是偏灰暗的低饱和度色彩，而播放控制图标则搭配白色和高饱和度色彩，与背景形成对比，突出功能操作图标的表现。

图 1-108　日历 App 界面配色　　　　　图 1-109　音乐 App 界面配色

1.7.5 提升界面内容的可读性

要确保产品界面的可读性，就需要注意界面设计中色彩的搭配，一个有效的方法就是遵循色彩对比法则，如在浅色背景上使用深色文字，在深色背景上使用浅色文字等。通常情况下，在界面中动态对象使用比较鲜明的色彩，而静态对象则使用比较暗淡的色彩，能够做到重点突出，层次突出。

◆ **案例分析**

可读性是 UI 设计的基础原则，默认的白色背景搭配黑色文字是最佳可读性的配色方案。图 1-110 所示是一个动物知识 App 界面设计，使用白色作为界面背景颜色，搭配黑色的文字，使界面中的文字内容具有非常好的可读性。为界面标题部分搭配浅黄色背景，为功能操作按钮搭配绿色，使界面富有活力。

深色背景搭配白色的文字同样能为用户提供良好的可读性。图 1-111 所示是一个社区活动 App 界面设计，使用蓝色与白色进行配色设计，使界面表现出自然、清爽的视觉印象。在蓝色的背景上搭配白色的文字，在白色的背景上搭配黑色的文字，始终让界面内容具有良好的可读性。界面中的交互操作按钮则使用高饱和度的蓝色和橙色进行突出表现，视觉效果清晰，重点突出。

图 1-110　动物知识 App 界面配色

图 1-111　社区活动 App 界面配色

1.7.6　控制色彩的使用数量

在产品 UI 设计中不宜使用过多的色彩，建议在单个产品 UI 设计中最多使用不超过 4 种色彩进行搭配。过多的色彩会使界面的表现比较混乱，所以大多数界面都只使用 2 ～ 3 种色彩进行搭配。

◆　**案例分析**

图 1-112 所示是一个海岛旅游 App 界面设计，使用海岛风景图片过渡到深蓝色作为界面的背景，很好地表现出海岛的优美风景。在界面中搭配白色的文字，与背景形成对比，视觉效果简洁、清晰。界面中的功能操作按钮则使用了高明度的蓝色进行搭配，保持界面整体色调的统一，同时又与背景形成明度对比，突出功能操作按钮的表现。

在一些特殊类型的 App 界面设计中，可以使用多种不同的色彩分别表现不同的选项，从而起到明确区分的目的。图 1-113 所示是一个工具应用 App 界面设计，使用白色作为界面背景颜色，而各种不同类型的工具则使用了不同的高饱和度色彩进行表现，从而有效区分不同的工具，多种高饱和度色彩的加入也使得界面表现更加活跃。

图 1-112　海岛旅游 App 界面配色

图 1-113　工具应用 App 界面配色

1.8 课堂操作——影视 App 配色设计

视频：视频 \ 第 1 章 \ 1-8.mp4　　　　　源文件：源文件 \ 第 1 章 \ 1-8.xd

◆ 案例分析

本案例是一个影视 App 界面的配色设计，最终效果如图 1-114 所示。

图 1-114　影视 App 界面配色

背景色：白色。使用白色作为背景色，在电影详情界面中，白色背景与该电影的主题色形成非常强烈的对比，表现出很强的视觉冲突。

主题色：蓝色。界面中各电影选项都使用了该电影的卡通形象结合不同颜色的背景色块来表现，每一个背景色块的颜色都是从该卡通形象中选取的，从而表现出很好的关联性。多种背景色块的设计使界面的表现更加活跃、欢乐，并且能够有效区分不同的电影，非常直观。

辅助色：黑色，在影片详情界面的底部加入黑色按钮，除了能够突出功能按钮的表现，还使整个界面的视觉表现效果稳定下来。

◆ 制作步骤

Step01 启动 Adobe XD，在手机型号下拉列表框中选择"iPhone XR/XS Max/11（414×896）"选项，如图 1-115 所示，新建一个 iPhone XR/XS Max/11 屏幕尺寸大小的文档。使用"文本"工具在画板中单击并输入文字，设置文字的"填充"为黑色，如图 1-116 所示。

图 1-115　选择手机型号

图 1-116　输入文字并设置属性

Step02 使用"钢笔工具"，在画板中绘制路径，在属性面板中设置"填充"为无，"边界"为黑色，并对其他选项进行设置，效果如图 1-117 所示。打开"素材 18.xd"文件，将相应的图标复制到当前画板中，效果如图 1-118 所示。

图 1-117　绘制图形　　　　　　　　　　图 1-118　复制图标到画板中

Step03 使用"文本"工具在画板中单击并输入文字，设置文字的"填充"为黑色，如图 1-119 所示。使用相同的制作方法，输入其他标签文字，并设置其他标签文字的"不透明度"为 30%，效果如图 1-120 所示。

图 1-119　输入文字并设置属性　　　　图 1-120　输入文字并设置"不透明度"属性

Step04 使用"椭圆"工具，在画板中按住 Shift 键拖动鼠标绘制一个 7px×7px 的圆形，设置该圆形的"填充"为 #2BB7BA，"边界"为无，效果如图 1-121 所示。使用"矩形"工具，在画板中绘制一个 162px×238px 的矩形，设置该矩形的"圆角半径"为 10，"填充"为 #348AED，"边界"为无，效果如图 1-122 所示。

图 1-121　绘制圆形并设置属性　　　　图 1-122　绘制圆角矩形并设置属性

Step05 将素材图像 1801.png 拖入画板，调整到合适的位置，如图 1-123 所示。使用"文本"工具在画板中单击并输入文字，设置文字的"填充"为白色，如图 1-124 所示。

图 1-123　拖入素材图像　　　　　　　　　图 1-124　输入文字并设置属性

Step 06 使用相同的制作方法，完成其他电影标签的制作，注意每个标签都使用不同的背景色块，便于区分不同的电影，如图 1-125 所示。单击该画板名称，选中画板，按住 Alt 键不放拖动鼠标复制画板，将复制到画板中的内容删除，在画板名称位置双击，修改画板名称，如图 1-126 所示。

图 1-125　制作其他电影标签　　　　　　　图 1-126　复制画板并修改名称

Step 07 使用"矩形"工具，在画板中绘制一个 290px×896px 的矩形，设置该矩形的"填充"为 #348AED，"边界"为无，对圆角矩形选项进行设置，效果如图 1-127 所示。将素材图像 1807.png 拖入画板，调整到合适的位置，如图 1-128 所示。

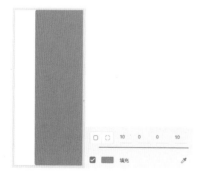

图 1-127　绘制矩形并设置属性　　　　　　图 1-128　拖入素材图像

Step 08 使用"椭圆"工具，在画板中按住 Shift 键拖动鼠标绘制一个 66px×66px 的圆形，设置该圆形的"填充"为白色，"边界"为无，效果如图 1-129 所示。选择刚绘制的圆形，在"属性"面板中设置"阴影"为 16% 的黑色，对阴影相关选项进行设置，效果如图 1-130 所示。

图 1-129　绘制圆形并设置属性

图 1-130　设置阴影效果

Step 09 使用"多边形"工具，在画板中绘制一个 23px×20px 的三角形，设置该三角形的"填充"为 #348AED，"边界"为无，对三角形选项进行设置，效果如图 1-131 所示。使用相同的制作方法，在画板中输入文字并拖入相应的素材图像，效果如图 1-132 所示。

图 1-131　绘制三角形

图 1-132　输入文字并拖入素材图像

Step 10 使用"矩形"工具，在画板中绘制一个 355px×70px 的矩形，设置该矩形的"填充"为黑色，"边界"为无，效果如图 1-133 所示。使用"文本"工具在画板中单击并输入文字，设置文字的"填充"为白色，如图 1-134 所示。

图 1-133　绘制矩形

图 1-134　输入文字并设置属性

至此，完成该影视 App 界面配色设计，最终效果如图 1-135 所示。

图 1-135　影视 App 界面配色

1.9　拓展知识——了解 UI 和 GUI 设计

UI 设计是指对应用的人机交互、操作逻辑、界面美观的整体设计。好的 UI 设计不仅要让应用变得有个性、有别于其他产品，还要让用户便捷、高效、舒适、愉悦地使用。

GUI 英文全称为 Graphical User Interface，即图形用户界面，是指使用图形方式显示的计算机操作用户界面。GUI 设计的广泛应用是当今计算机发展的重大成就之一，它极大地方便了非专业用户的使用。人们不再需要死记硬背大量的命令，取而代之的是可以通过窗口、菜单、按键等方式来方便地进行操作。

> **提示**　UI（用户界面）是广义概念，包含软硬件设计，囊括了 UE（用户体验）、GUI（图形用户界面）及 ID（交互设计）。GUI（图形用户界面）就是界面设计，只负责应用的视觉界面，目前国内大部分的 UI 设计师其实做的就是 GUI。

在人机交互过程中，有一个层面称为界面。从心理学的角度来讲，可以把它分为两个层次：感觉（视觉、触觉、听觉）和情感。人们在使用某个产品时，第一时间直观感受到的是屏幕上的界面，它传递给人们在使用产品前的第一印象。一个友好、美观的界面能给人带来愉悦的感受，增加用户的产品黏度，为产品增加附加值。通常，很多人觉得界面设计仅仅是视觉层面的东西，这是错误的理解。设计师需要定位用户群体、使用环境和使用方法，最后根据这些数据进行科学设计。图 1-136 所示为精美的产品 UI 设计。

图 1-136　精美的产品 UI 设计

1.10 本章小结

本章详细向读者介绍了有关色彩的基础知识和 UI 设计配色的基础理论，并且通过多个案例的配色分析，使读者更容易理解相关的基础理论知识。通过对本章内容的学习，读者需要理解并掌握 UI 设计配色的相关知识，能够在 UI 设计过程中合理配色。

1.11 课后测试

完成本章内容学习后，接下来通过几道课后习题，检测一下读者对本章内容的学习效果，同时加深对所学知识的理解。

一、选择题

1. 以下选项中，（　　）不属于色彩三要素。

A. 色相　　　　　　B. 明度　　　　　　C. 色调　　　　　　D. 饱和度

2. 下列颜色中，亮度最高的颜色是（　　）。

A. 红色　　　　　　B. 黄色　　　　　　C. 绿色　　　　　　D. 蓝色

3. 在彩色系中，（　　）明度最低。

A. 紫色　　　　　　B. 黄色　　　　　　C. 白色　　　　　　D. 黑色

4. 红色是一种引人注目的颜色，对人的视觉器官具有较强烈的作用，通常它象征着（　　）。

A. 和平　　　　　　B. 严肃　　　　　　C. 思考　　　　　　D. 喜庆

5. 让人感觉最温暖的颜色是（　　）。

A. 红色　　　　　　B. 橙色　　　　　　C. 黄色　　　　　　D. 绿色

二、填空题

1. 色彩的三要素分别是色相、明度和＿＿＿＿＿＿＿＿。

2. 无彩色系的颜色只有一种基本属性，那就是＿＿＿＿＿＿＿＿。

3. 人们称＿＿＿＿＿＿＿＿为生命之色，并把它作为农业、林业、畜牧业的象征色。

4. 过多的色彩会使界面的表现混乱，所以大多数界面都只使用＿＿＿＿＿＿＿＿种色彩进行搭配。

5. UI（用户界面）是广义概念，包含软硬件设计，囊括了＿＿＿＿＿＿＿＿、＿＿＿＿＿＿＿＿及＿＿＿＿＿＿＿＿。

三、操作题

根据本章所学习的 UI 配色知识，完成一个生鲜电商 App 界面的配色设计，具体要求和规范如下。

（1）内容 / 题材 / 形式：生鲜电商 App 配色设计。

（2）设计要求：在 Adobe XD 中完成生鲜电商 App 界面的配色设计，根据色彩印象选择合适的颜色进行界面配色设计，要体现出生鲜电商的特点。

第2章 UI 设计配色的基本方法

色彩是 UI 设计中的重要元素，人类对色彩理论的研究，经过几百年的不断积累，到现在已经具有了丰富的知识和经验。本章将向读者介绍有关 UI 配色的基本方法，包括色调配色、图标配色、文字配色、基础配色方法、对比配色方法、表现情感的配色等内容。

2.1 色调对 UI 配色的影响

在大自然中，经常见到不同颜色的物体被笼罩在一片金色的夕阳余晖之中，或者被洁白的雪花所覆盖。这种在不同颜色的物体上笼罩着某一种色彩，使不同颜色的物体都带有同一色彩倾向的现象就是色调。色调对 UI 的整体配色具有很大的影响，通常可以从色相、色调、明暗、冷暖、纯度等方面来定义设计作品的色调。

2.1.1 认识色调

色调是指界面设计中色彩的总体倾向，即各种色彩的搭配所形成的一种协调关系。图 2-1 所示为色调关系示意图。

在纯色中加入白色所形成的色调效果被称为"亮纯色调"，而在纯色中加入黑色所形成的色调被称为"暗纯色调"。此外，在纯色中加入灰色所形成的色调被称为"中间色调"，如图 2-2 所示。

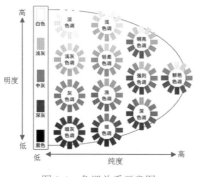

图 2-1　色调关系示意图

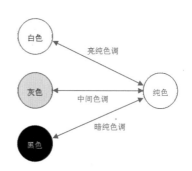

图 2-2　亮纯色调、暗纯色调和中间色调

◆ **案例分析**

白色是所有色彩中明度最高的色彩，而黄色是有彩色中明度最高的色彩。图 2-3 所示是一个电子产品 App 界面设计，使用高纯度鲜艳的黄色作为界面主题色，搭配白色的文字和矩形色块，与黑色的产品图形形成对比，整体明亮的色调给人一种欢乐、时尚且富有现代感的印象。

图 2-4 所示是一个鲜花绿植 App 界面设计，使用深墨绿色作为界面的背景颜色，表现出一种沉着、宁静、优雅的印象，与界面中白色的文字和界面底部白色的按钮形成强烈对比，有效突出了重点功能信息的表现。

图 2-3　明亮色调的 UI 配色　　　　　图 2-4　灰暗色调的 UI 配色

提示　不掺杂任何无彩色（白色、黑色和灰色）的色彩是最纯粹、最鲜艳的色调，效果浓艳、强烈；常用于表现华美、艳丽、生动、活跃的效果。

2.1.2　基于色调的配色

基于色调的 UI 设计配色可以给人一种统一、协调的感觉，避免色彩的过多应用而使界面显得繁杂、喧闹，这种配色方法可以通过控制一种颜色的明暗程度，制造出具有鲜明对比感的效果，或者制造出冷静、理性、温和的效果。

同一色调配色是指选择不同色相、同一色调颜色的配色方法，例如，使用鲜艳的红色和鲜艳的黄色进行搭配。

类似色调配色是指使用如清澈、灰亮等类似基准色调的配色方法，这些色调在色调表中比较靠近基准色调。

相反色调配色是指使用如深暗、黑暗等与基准色调相反色调的配色方法，这些色调在色调表中远离基准色调。

◆ **案例分析**

图 2-5 所示是一个鲜花 App 界面设计，使用同一色调进行配色，分别使用高明度的浅蓝色和浅粉色作为不同界面的背景颜色，与白色进行搭配，使整个界面表现出柔和、淡雅的印象。这种高明度的浅淡色调使界面整体表现轻柔而美好。

图 2-6 所示是一个耳机产品网站 UI 设计，使用了多种高饱和度鲜艳色彩进行搭配，而这些高饱和度的鲜艳色彩都保持了统一的明亮色调，使整个网站 UI 表现出年轻且富有激情与活力的印象。

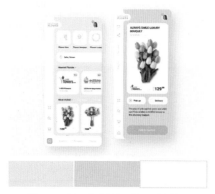

图 2-5　同一色调配色的 UI 设计 1

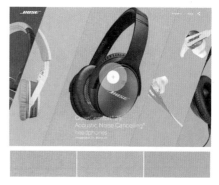

图 2-6　同一色调配色的 UI 设计 2

图 2-7 所示是一个录音 App 界面设计，使用类似色调进行配色，界面背景为低明度的暗灰色调，界面中各功能选项图标虽然都使用了不同的颜色，但是这些颜色都属于低明度的暗浊色调，与背景的对比并不是特别强烈。

图 2-8 所示是一个金融 App 界面设计，使用相反色调进行配色，界面背景为低明度的深蓝色，而界面绑定的银行卡则分别使用鲜艳的橙色和蓝色进行搭配，与暗色调的背景形成强烈的对比，视觉表现效果强烈，有效突出了界面中重点信息内容的表现。

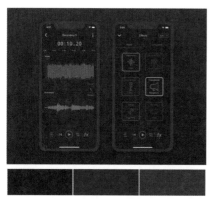

图 2-7　类似色调配色的 UI 设计

图 2-8　相反色调配色的 UI 设计

> **提示**　即使使用同样的色相进行搭配，色调不同也会使其传达的情感相去甚远。因此，针对不同的对象和目的进行对应的色调配色显得尤为重要。

2.2　UI 元素配色

在 UI 设计过程中，很多细节的处理都能够影响 UI 的整体视觉效果，如何正确地把握这些细节元素的配色处理，是设计师必须认真思考的问题。本节将介绍 UI 中图标和文字元素的配色设计，帮助读者更好地把握 UI 的整体配色设计。

2.2.1　图标配色方法

图标是 UI 设计过程中不可避免的一项基本技能。图标的配色很大程度上决定了 UI 的视觉美观程度，许多新手设计师进行图标配色时全凭感觉，这种做法其实并不科学。设计是一门非常严谨的科学艺术，正确的配色会让图标设计更加符合产品，更加贴合用户。

1. 根据色彩印象选择图标颜色

色彩心理学中提到，色彩对人们的心理活动有着重要影响，特别是与人的情绪有着非常密切的关系。可以从色彩心理学的角度，通过不同色彩给人带来的固有心理印象，快速地确定所设计图标的主要色相。

◆ **案例分析**

图 2-9 所示是一个综合电商 App 界面设计，为不同类型的服务设计了统一风格的图标，每个图标在设计过程中根据其所需要表现的主题选择了不同的主题色进行设计，例如，"美食"图标使用橙色作为主题色，能够给人带来温暖和食欲；"饮品"图标使用紫色和黄色相搭配，表现出美好和欢乐；"卖场"图标使用蓝色作为主题色，表现出安全、可靠的印象；"水果"图标使用绿色作为主题色，突出表现其新鲜、自然的特点；"药店"图标使用红色作为主题色，表现出紧急、生命力的印象。

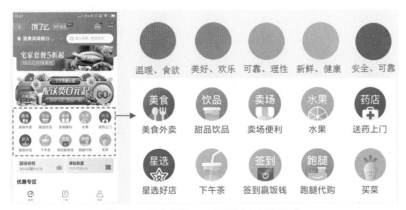

图 2-9　综合电商 App 界面中的图标配色

2. 根据目标用户选择图标配色

在图标设计过程中，可以通过对目标用户群体的性别、年龄、兴趣特征、行为偏好等进行分析，从而确定所设计的图标是使用同类色、邻近色、对比色还是互补色进行搭配，图标色彩的饱和度是高还是低。

◆ **案例分析**

图 2-10 所示是一个女性服饰 App 界面设计，该产品的目标用户 80% 都是女性，用户年龄为 18 ～ 25 岁的年轻人，所以该界面中的图标使用了高明度、高饱和度的色彩进行设计，表现出年轻、富有活力的色彩印象。

图 2-10　女性服饰 App 界面中的图标配色

3. 根据品牌选择图标颜色

在设计某品牌的网站或 App 界面时，通常都是从该品牌的基因出发，品牌的颜色、图形、吉祥物等都属于品牌基因。在该品牌的网站或 App 界面的图标设计中，可以选择该品牌的固有色彩作为图标的主题色，从而保持与品牌形象的一致性。

◆ **案例分析**

图 2-11 所示是一个医疗健康 App 界面设计，采用了简约的线面结合风格图标设计，表现效果非常简洁、直观。图标色彩选择医疗健康行业常用的蓝色与青色进行搭配，与行业特性保持一致，并且与界面的整体配色相协调。

图 2-11　医疗健康 App 界面中的图标配色

2.2.2　文字配色方法

与 UI 中的图像或图形元素配色相比，文字配色需要更强的可读性和可识别性。合理地搭配文字色彩不仅可以使文字更加醒目、突出，有效地吸引用户的视线，而且还可以烘托界面氛围，形成不同的界面风格。

文字的主要功能是向用户传达产品的各种信息，所以 UI 中的文字内容一定要非常清晰、易读，这也是大多数界面正文部分采用白色背景搭配黑色或深灰色文字内容的原因。界面内容的易读性和易用性是用户浏览体验的根本诉求。

如果文字背景为其他背景颜色或者图片，那么一定要考虑使用与背景形成强烈对比的色彩来处理文字，使文字与背景层次分明，这样才能够使界面中的文字内容清晰、易读。

◆　**案例分析**

图 2-12 所示是一个电子书 App 界面设计，这样的搭配方式使得界面中的文字内容具有很好的易读性，也符合人们普遍的阅读习惯。特别是一些文字内容较多的 UI 设计，白色背景搭配接近黑色的深色文字是最佳的文字配色。

图 2-13 所示是一个信息列表 App 界面设计，使用白色作为界面的背景色，在白色背景上搭配了深灰色的文字，文字内容清晰、易读。而该 App 的导航菜单则使用高饱和度的蓝色背景，在蓝色背景上搭配纯白色的文字，从而保持文字的易读性。

图 2-12　浅色背景搭配深色文字

图 2-13　文字与背景对比配色

设计师在应用文字与背景对比原则时需要注意，必须确保界面中的文字内容清晰、易读，如果文字的字体过小或过于纤细，色彩对比度不高，则会给用户带来非常糟糕的视觉浏览体验。图 2-14 所示为文字与背景的对比配色示意图。

图 2-14　文字与背景的对比配色示意图

使用图形或图片作为文字内容背景时，如果背景图片的色彩对比度较高，则文字的可识别性将会大大降低。这种情况下，就需要考虑降低背景图片的对比度，或者使用浅色背景。

◆　**案例分析**

图 2-15 所示是一个计算器 App 界面设计，提供了两种不同的配色方案，一种是传统的白色背景搭配黑色文字，界面表现清晰、简洁；另一种是使用低明度的深灰蓝色作为背景搭配纯白色的文字，给人一种现代感。无论哪种配色方案，都遵循了文字与背景形成对比的原则，界面中的文本内容始终非常清晰，具有很强的可读性。

图 2-16 所示是一个动物保护 App 界面设计，当使用图片作为界面背景时，为了提升界面中文字内容的可读性，降低了背景图片的明度，从而使图片上的文字内容更易读。但是这种方式仅限于只有少量文字内容的情况。如果界面中需要表现大量的文字内容，为了提升文字内容的可读性和易读性，最好的方式就是为文字内容添加背景色块。

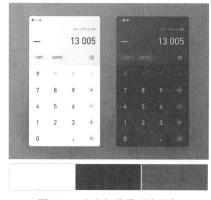

图 2-15　文字与背景对比配色

图 2-16　文字与背景图片的对比配色

提示　要想在 UI 设计中恰当地使用颜色，就要考虑各个要素的特点。背景和文字如果使用近似的颜色，其可识别性就会降低，但是如果标题文字的字号大于一定的值，即使使用与背景近似的颜色，对其可识别性也不会产生太大的影响。

2.2.3　UI 文字易读性规范

文字配色对于界面内容的可读性和易读性起到至关重要的影响，但是除了文字的颜色，文字的其他一些因素同样影响着内容的可读性和易读性。

1. 行宽

可以想象一下：如果一行文字过长，视线移动距离长，很难让人注意到段落起点和终点，阅读比较困难；如果一行文字过短，眼睛要不停地来回扫视，会破坏阅读节奏。

因此，在对界面中的文字内容进行排版时，可以控制每一行显示合适的字符数量，从而提高文字内容的易读性。传统图书排版每行最佳字符数是 55 ～ 75 个，在网站 UI 中，每行字符数为 75 ～ 85 个比较合适，如果是 14px 的中文字体时，建议每行的字符数为 35 ～ 45 个。

移动 UI 的尺寸相对较小，这也就决定了在移动端需要为用户提供更加出色的文本可读性，在行宽的设置上注意不要靠近边界，适当的留白可以使文字内容更加易读。此外，还可以为标题和正文设置不同的字体大小和粗细，从而提升文字内容的层次感。

2. 行距

行距是影响文字易读性非常重要的因素，一般情况下，接近字体尺寸的行距设置比较适合正文。过宽的行距会让文字失去延续性，影响阅读；而行距过窄，则容易出现跳行，如图 2-17 所示。

图 2-17　文字行距设置示意图

UI 设计中，一般根据字体大小来决定，1 ～ 1.5 倍的字体大小作为文字的行间距，1.5 ～ 2 倍的字体大小作为文字的段间距比较合适。例如，12px 的字体，行间距通常设置为 12px ～ 18px，段间距则通常设置为 18px ～ 24px。

◆　**案例分析**

图 2-18 所示是一个新闻 App 界面设计，使用白色作为界面的背景颜色，有效突出界面中新闻图片和文字内容的视觉表现效果。界面中文字内容的排版，标题文字使用较粗、较大的黑色字体，正文文字使用较小、较细的深灰色字体，使得界面中的文字内容不仅具有很强的易读性，而且还具有很好的视觉层次感。

图 2-19 所示是一个企业网站 UI 设计，界面中的文字排版效果具有很好的辨识度和易读性，无论是字体的大小、行宽还是行距的设置，都能够给人带来舒适且连贯的阅读体验。此外，界面中的文字与背景始终保持对比配色关系，保证了界面中的文字内容具有良好的可读性。

图 2-18　移动 UI 中的文字排版

图 2-19　网站 UI 中的文字排版

提示　　行距不仅对可读性具有一定的影响，而且其本身也是具有很强表现力的设计语言，刻意地加宽或缩窄行距，可以加强版式的装饰效果，体现出独特的审美情趣。

3. 行对齐

文字排版中很重要的一个规范就是把应该对齐的地方对齐，如每个段落行的位置要对齐。通常情况下，建议在 UI 设计中只使用一种文本对齐方式，尽量避免使用文本两端对齐。图 2-20 所示是 UI 中的文字内容行对齐效果。

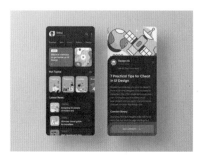

图 2-20　UI 中的文字内容行对齐效果

4. 文字留白

在对 UI 中的文字内容进行排版时，需要在文字版面中的合适位置留出空余空间，留白面积从小到大应该遵循的顺序如图 2-21 所示。

图 2-21　留白面积大小顺序

此外，在内容排版区域之前，需要根据界面实际情况给页面四周留出余白。

◆ **案例分析**

图 2-22 所示是一个音乐 App 界面设计，界面非常简洁，使用白色作为背景颜色，在界面中搭配接近黑色的深灰色文字，有效突出界面中专辑封面图片和功能操作按钮的表现，在专辑封面图片和功能操作按钮四周保留大量的留白，使用户的注意力更加集中。

图 2-23 所示是一个日志博客 App 界面设计，使用低明度的深灰蓝色作为界面的背景颜色，界面中的文字内容则使用了白色，与背景形成对比，使文字内容保持良好的易读性。界面中的文字内容较多，但是其通过合理的行距和文字内容四周的留白处理，使界面的文字内容能够保持非常清晰、整齐的视觉效果。

图 2-22　UI 中文字留白处理 1　　　　　　　　图 2-23　UI 中文字留白处理 2

2.3　基础配色方法

配色也称为色彩设计，即处理好色彩之间的相互关系。一般在进行 UI 设计配色时，通常选择与产品类型相符的色彩，并且尽量少用几种色彩，调和各种颜色，使其具有稳定感。

2.3.1　基于色相的配色关系

图 2-24 所示为以色相环中的红色为基准进行的配色方案分析。采用同一色相的不同色调进行搭配时，称之为同色相配色；采用邻近颜色进行搭配时，称之为类似色配色。

类似色相是指在色相环中相邻的两种色相。同一色相配色与类似色相配色在总体上给人一种统一、协调、安静的感觉。就好比在鲜红色旁边使用暗红色时，会给人一种协调、整齐的感觉。

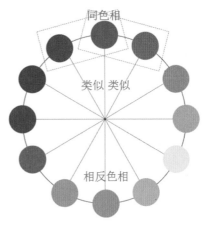

图 2-24　色相关系示意图

在色相环中，位于红色对面的蓝绿色是红色的补色，补色的概念就是完全相反的颜色。在以红色为基准的色相环中，蓝紫色到黄绿色范围之间的颜色为红色的相反色调。相反色相配色是指搭配使用色相环中相距较远的颜色的配色方案，与同一色相配色或类似色配色相比，这种配色更具有变化感。

2.3.2　同类色配色

同类色是指色相性质相同，但色彩明度和饱和度有所不同的色彩搭配，属于弱对比效果的配色。

同类色由于色相单一，能够使画面呈现出非常协调、统一、变化微妙的效果，但也容易给人带来单调、乏味的感觉，因此在运用时需要注意追求对比和变化，可以加大色彩明度和纯度的对比，使画面更加生动。

◆　案例分析

图 2-25 所示是一个蛋糕甜点 App 界面设计，使用高明度的粉红色作为界面的主题色，表现出甜美、可爱的印象，与白色的背景颜色相搭配，界面整体给人以明亮、轻柔、甜美的视觉感受，局部点缀高饱和度的红色按钮，形成色彩的纯度对比，突出功能操作按钮的表现。

图 2-26 所示是一个游戏介绍 App 界面设计，使用明度较低的深蓝色作为界面的背景颜色，在界面中搭配同色系高饱和度的蓝色，形成色彩的层次感，并有效突出界面中信息内容的表现，使用同色系色彩进行搭配，界面整体表现和谐统一。

图 2-25　同类色配色的 UI 设计 1

图 2-26　同类色配色的 UI 设计 2

2.3.3　邻近色配色

色相差越大，越会给人活泼的感觉，反之色相越靠近则表现出越稳定的感觉。色彩给人的感觉过于突出和喧闹时，可以采用减小色相差的方法，使色彩彼此趋于融合，使配色更加稳定。

只使用同一色相色彩的配色称为同类色配色，只使用邻近色相色彩的配色称为邻近色配色或类似色配色。同类色的色相差几乎为零，而邻近色的色相差也比较小，这些色相差较小的配色能够产生稳定、温馨、和谐、统一的效果。

◆　**案例分析**

图 2-27 所示是一个金融支付 App 界面设计，使用高饱和度的蓝色作为界面的主题色，与白色背景搭配，使界面表现非常清爽、自然，蓝色能够表现出很强的理性与科技感印象。界面中所绑定的银行卡则分别使用蓝色的邻近色青色、紫色来表现，使界面整体视觉表现更加统一、稳定。

图 2-28 所示是一个餐饮美食网站 UI 设计，使用高饱和度的黄绿色作为界面主题色，表现出美食产品的新鲜、健康与自然，在界面中搭配黄绿色的邻近色黄色，使界面的视觉表现效果更加富有活力。

图 2-27　邻近色配色的 UI 设计 1

图 2-28　邻近色配色的 UI 设计 2

2.3.4　同明度配色

同明度配色是指使用相同明度的色彩进行配色，相同明度的色彩由于缺乏明暗变化，画面的整体感非常强烈，常常用于表现平静、温和等印象。不同明度配色与相同明度配色会给人带来完全不同的色彩印象，如图 2-29 所示。

（暗浊色调与明色调的搭配，明　　　　　　（统一至明色调，明度差
度差较大，可以产生强调的效果）　　　　　较小，给人以稳定感）

图 2-29　不同明度配色与相同明度配色对比

在配色过程中，可以通过加强色相差、纯度差、配色面积差、色彩分布位置及色彩心理协调等方法，避免因相同明度色彩搭配而出现过于呆板的效果。

◆　**案例分析**

图 2-30 所示是一个时尚 App 界面设计，使用白色作为界面的背景颜色，在界面中使用了多种色彩来表现功能操作选项，并且界面中的图片也都使用了彩色背景，使界面表现丰富、活跃。但界面中所使用的色彩明度相似，都属于高明度色彩，从而使界面整体表现更加明亮、温和。

图 2-31 所示是一个男士香水产品 App 界面设计，使用与该产品包装相同的低明度深蓝色作为界面的主题色，使界面表现出强烈的理性、深沉感。在界面中搭配同色系高明度的浅青色文字，整体色调统一，充分体现出男性魅力。

图 2-30　同明度配色的 UI 设计 1　　　　　图 2-31　同明度配色的 UI 设计 2

2.3.5　同纯度配色

同纯度配色是指使用相同或类似纯度的色彩进行搭配，使画面形成统一的色调。因此即使色相之间的差异较大，也能够使整体呈现出较为和谐、统一的视觉感受。

纯度的高低决定了画面视觉冲击力的大小。纯度值越高，画面显示越鲜艳、活泼，越能吸引眼球，独立性和冲突感越强；纯度值越低，画面显示越朴素、典雅、安静、温和，独立性和冲突感越弱。

◆ **案例分析**

图 2-32 所示是一个宠物 App 界面设计，使用白色作为界面背景颜色，为了突出表现不同的宠物类型，在界面中使用了多种高饱和度色彩进行搭配，有效突出界面中不同宠物类型选项的表现，同时也使界面冲突感更加强烈，给人一种欢乐、活泼的印象，吸引用户目光。

图 2-33 所示是一个社交类 App 界面设计，每当滑动切换一个人物时，界面的背景颜色也会发生相应的变化，但是每一个背景都是采用了中等纯度的微渐变色彩作为背景，这种中等纯度的微渐变色彩表现效果比高纯度色彩更加柔和，给人一种典雅、柔和、舒适的印象。

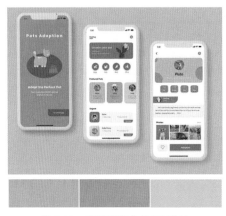 

图 2-32　高纯度配色的 UI 设计　　　　　　图 2-33　中等纯度配色的 UI 设计

2.3.6　明艳色调配色

明艳色调配色是指画面中的大部分色彩或所有色彩都具有较高的明度和纯度，画面呈现出鲜艳、明朗的视觉效果。明艳色调的配色非常适合表现儿童、青年、时尚、前卫、欢乐、积极等主题的配色。

明艳色调的配色可能会让人产生过于刺激、浮躁的感觉，因此在配色时可以通过黑、白等无彩色进行适当调节，形成透气感，缓和鲜艳色彩的刺激感。

◆ **案例分析**

图 2-34 所示是一个瑜伽健身 App 界面设计，使用高饱和度的蓝紫色作为界面的主题色，搭配白色的背景，表现出大胆、前卫的印象。在界面中搭配了紫色、绿色、黄色等多种高饱和度色彩，便于区分界面中不同的选项，同时也使界面的色彩表现更加丰富，给人一种富有活力的印象。

图 2-35 所示是一个冰淇淋网站 UI 设计，使用高明度的粉红色作为界面背景颜色，表现出甜美、浪漫的感觉，在界面中搭配五彩缤纷的冰淇淋产品图片及高饱和度红色主题文字，使得界面的表现更加活跃、欢乐。

图 2-34　明艳色调配色的 UI 设计 1　　　　　图 2-35　明艳色调配色的 UI 设计 2

2.3.7　暗浊色调配色

暗浊色调配色是指由明度较低或纯度较浊的色彩进行搭配，使画面表现出稳重、低调、神秘的视觉印象，常用于严肃、高端、深邃、神秘等主题的配色。

暗浊色调的配色由于色调深暗，色相之间的差异并不明显，容易造成沉闷、单调的印象，在配色时可以考虑点缀少量的高纯度色彩或亮色，从而减轻沉闷感，并形成视觉重点。

◆　**案例分析**

图 2-36 所示是一个智能家居管理 App 界面设计，使用低饱和度的深棕色作为界面的主题色，使界面表现出稳重、传统的印象，在界面中搭配同色系的高明度浅黄色和白色文字，保持界面整体色调的统一，表现出很强的品质感。

图 2-37 所示是一个摩托车产品宣传网站 UI 设计，使用黑色作为界面的背景颜色，搭配黑色的产品，表现出力量与品质感，局部搭配棕色按钮和文字，体现出摩托车产品的尊贵与高端品质。

图 2-36　暗浊色调配色的 UI 设计 1　　　　　图 2-37　暗浊色调配色的 UI 设计 2

2.3.8 灰调配色

灰调配色是指在纯色中加入不同量的灰色所形成的色调范围，其色彩纯度较低，色彩明度变化较多。使用灰调配色通常给人以朴实、稳重、平和的感受，适用于表现家庭、休闲、老年等主题。

纯度过低的色彩容易使人感到单调、乏味，因此在进行配色时，可以适当加强色彩之间的色相对比或明度对比，从而使画面层次更加丰富细腻。

◆ **案例分析**

图 2-38 所示是一个宠物 App 界面设计，使用高明度中等饱和度的浅橙色作为界面的主题色，与白色的背景颜色相搭配，使界面表现出明亮、温和的印象，界面中所使用的色彩都属于高明度中等饱和度的色调，整体表现温馨、舒适。

图 2-39 所示是一个手表产品 App 界面设计，使用灰色作为界面的背景颜色，灰色能够给人带来很强的科技感和高档感，为界面中的重点功能操作按钮搭配低饱和度的棕色，表现出素雅、大气、内敛的印象。

图 2-38　灰调配色的 UI 设计 1

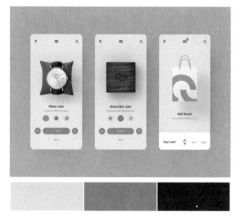

图 2-39　灰调配色的 UI 设计 2

2.4　课堂操作——智能家居管理 App 配色设计

视频：视频 \ 第 2 章 \ 2-4.mp4　　　　源文件：源文件 \ 第 2 章 \ 2-4.xd

◆ **案例分析**

本案例是一个智能家居管理 App 配色设计，最终效果如图 2-40 所示。

背景色：浅灰色。使用接近白色的浅灰色作为界面的背景颜色，给人一种高档感，在界面中使用图片的方式表现卡片选项，表现效果非常直观、突出。

主题色：蓝色。使用高饱和度的蓝色至青蓝色的微渐变色彩作为主题色，突出界面中重点信息功能的表现，同时也使界面表现出清爽、自然的印象。

文字颜色：充分利用对比突出文字配色原则，在浅灰色背景上搭配深灰色和黑色文字，在图片和高饱和度蓝色背景上搭配白色文字，文字表现突出、易读。

图 2-40　智能家居管理 App 配色设计

◆　**制作步骤**

Step 01 启动 Adobe XD，在手机型号下拉列表框中选择"iPhone XR/XS Max/11
（414×896）"选项，如图 2-41 所示，新建一个 iPhone XR/XS Max/11 屏幕尺寸大小的文
档。选择画板，在属性面板中设置"填充"为 #F9F9F9，如图 2-42 所示。

图 2-41　选择手机型号　　　　　　　　　　　图 2-42　设置画板填充颜色

Step 02 使用"矩形"工具，在画板中绘制一个 82px×98px 的矩形，设置该矩形的
"填充"为白色，"边界"为无，并设置其圆角半径选项，效果如图 2-43 所示。打开
"素材 24.xd"文件，将菜单图标复制到当前画板中，效果如图 2-44 所示。

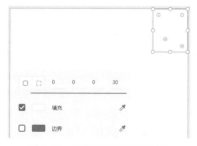

图 2-43　绘制矩形并设置属性　　　　　　　图 2-44　复制菜单图标

Step03 使用"椭圆"工具，在画板中绘制一个 48px×48px 的圆形，设置该圆形的"边界"为无，如图 2-45 所示。将素材图像 2401.jpg 拖入刚绘制的圆形中，调整到合适的大小和位置，如图 2-46 所示。

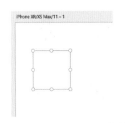

图 2-45　绘制圆形并设置属性

图 2-46　拖入素材图像并调整大小

Step04 使用"文本"工具在画板中单击并输入文字，设置文字的"填充"为黑色，如图 2-47 所示。将素材图像 2402.png 拖入画板中，调整到合适的位置，如图 2-48 所示。

图 2-47　输入文字并设置属性

图 2-48　拖入素材图像并调整位置

Step05 使用"矩形"工具，在画板中绘制一个 370px×169px 的矩形，设置该矩形的"边界"为无，设置"圆角半径"为 20，效果如图 2-49 所示。同时选中圆角矩形和素材图像，单击鼠标右键，在弹出的快捷菜单中选择"带有形状的蒙版"选项，创建形状蒙版，效果如图 2-50 所示。

图 2-49　绘制圆角矩形并设置属性

图 2-50　创建形状蒙版

Step06 使用"矩形"工具，在画板中绘制一个 370px×169px 的矩形，设置该矩形的"填充"为 10% 的 #000000，"边界"为无，设置"圆角半径"为 20，效果如图 2-51 所示。使用"文本"工具在画板中单击并输入文字，设置文字的"填充"为白色，如图 2-52 所示。

Step07 使用相同的制作方法，可以完成相似效果的制作，如图 2-53 所示。使用"矩形"工具，在画板中绘制一个 414px×212px 的矩形，设置该矩形的"边界"为无，设置"圆角半径"为 20，如图 2-54 所示。

图 2-51　绘制圆角矩形并设置属性

图 2-52　输入文字并设置属性

图 2-53　完成相似内容制作

图 2-54　绘制圆角矩形并设置属性

Step08 选择刚绘制的圆角矩形，设置其"填充"为线性渐变，设置渐变颜色，如图 2-55 所示。在画板中通过拖动渐变颜色的起始点和终止点来调整线性渐变的填充效果，如图 2-56 所示。

图 2-55　设置渐变颜色

图 2-56　调整渐变颜色填充

Step09 使用相同的制作方法，完成该部分内容的制作，效果如图 2-57 所示。使用"矩形"工具，在画板中绘制一个 414px×80px 的矩形，设置该矩形的"边界"为无，设置"圆角半径"为 20，如图 2-58 所示。

图 2-57　界面效果

图 2-58　绘制圆角矩形并设置属性

Step10 打开"素材 24.xd"文件，将相应的图标分别复制到当前画板中，如图 2-59 所示。选择第 1 个图标，设置其"填充"为从青色到蓝色的线性渐变，效果如图 2-60 所示。

图 2-59　复制相应的图标

图 2-60　为图标填充线性渐变

Step 11 同时选中其他 3 个图标，在属性面板中设置"不透明度"为 40%，效果如图 2-61 所示。使用"文本"工具在画板中单击并输入文字，设置文字的"填充"为 #339DFA，如图 2-62 所示。

图 2-61　设置不透明度

图 2-62　输入文字

至此，完成该智能家居管理 App 界面配色设计，最终效果如图 2-63 所示。

图 2-63　智能家居管理 App 界面配色的最终效果

2.5　对比配色方法

对比配色是 UI 设计色彩搭配中一种非常重要的方法，通过对比配色能够有效地突出界面的主题，对用户的视觉产生刺激。色彩的对比包括色相对比、明度对比、纯度对比、面积对比、冷暖对比等，是强调色彩效果的重要手段。

2.5.1　色相对比配色

色相对比是指将不同色相的色彩组合在一起，从而创造出强烈而鲜明的视觉对比效果的一种手法。将色相环中位置不同的颜色进行组合搭配，就能够形成色相对比效果，色相距离越远，对比效果越强烈。

应用色相对比配色时，明度越接近，效果越明显，对比感也越强。此外，运用高纯度的色彩进行配色，对比效果会更明显。

◆ **案例分析**

　　图 2-64 所示是一个音乐 App 界面设计，使用紫色作为界面的背景颜色，表现出时尚、雅致的印象，界面中的播放控制选项搭配高饱和度的黄色，与背景的紫色形成强烈对比，使界面的层次感表现非常明确，并且高饱和度对比色的搭配使界面的表现更加时尚，富有现代感。

　　图 2-65 所示是一个动物 App 界面设计，使用高饱和度的蓝色作为界面的背景颜色，正好契合当前界面中所介绍的动物。界面中的信息以选项卡的方式呈现，并且不同的选项卡分别使用蓝色和橙色背景进行突出表现，蓝色与橙色形成鲜明的对比，使界面的视觉表现效果更加活跃，信息卡片表现更加突出。

图 2-64　色相对比配色的 UI 设计 1

图 2-65　色相对比配色的 UI 设计 2

2.5.2　原色对比配色

　　红、黄、蓝三原色是色相环上最基本的 3 种颜色，如图 2-66 所示。它们不能由别的颜色混合产生，却可以混合出色相环上所有其他的颜色。红、黄、蓝表现出了最强烈的色相气质，它们之间的对比是最强的色相对比。

　　红、黄、蓝三原色在色相环中的位置正好形成一个三角形，这样的配色不需要深沉暗浊的色调就具有很强的稳定感，给人舒畅而开放的感受。原色对比配色的缺点是由于平衡感较强，很难给人留下深刻的印象，难以形成鲜明的特色。因此，可以稍微错开 3 种色相的位置，并运用色调差使配色呈现出更加丰富的变化。

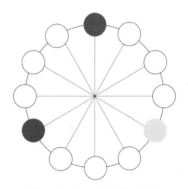

图 2-66　红、黄、蓝三原色

◆ **案例分析**

　　图 2-67 所示是一个录音 App 界面设计，使用低明度的深灰蓝色作为界面的背景颜色，在界面中搭配高饱和度的图形和白色文字，效果非常清晰。界面底部的 3 个功能操作按钮分别使用了黄色、红色和蓝色进行表现，对比效果非常强烈，有效区分了这 3 个不同功能的图标，并且使界面更加活跃。

　　图 2-68 所示是一个老爷车宣传网站 UI 设计，使用了原色对比的方式进行配色，高饱和度的蓝色作为界面背景颜色，在背景中加入高饱和度的黄色条纹图形，使界面背景的视觉表

现效果更加强烈。界面中的汽车为绿色，功能操作按钮则搭配了红色，有多处应用了色彩对比，使该网站 UI 的表现非常活跃、突出。

图 2-67　原色对比配色的 UI 设计 1

图 2-68　原色对比配色的 UI 设计 2

2.5.3　间色对比配色

　　橙色、绿色、紫色是通过原色相混合而得到的间色，如图 2-69 所示，其色相对比略显柔和。自然界中很多植物的色彩都呈现间色，很多果实都为橙色或黄橙色，还可以经常见到各种紫色的花朵，如绿色与橙色、绿色与紫色这样的对比，都是活泼、鲜明且又具有天然美的配色。

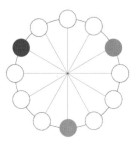

图 2-69　间色

◆　**案例分析**

　　图 2-70 所示是一个日志分享 App 界面设计，使用中等饱和度的绿色作为主题色，体现出运动的自然、健康，搭配白色的背景，很好地划分了界面中不同的内容区域，在界面中局部应用中等高饱和度的橙色，使界面的表现更加鲜明、活泼。

　　图 2-71 所示是一个鲜花网站 UI 设计，使用纯白色和浅黄色作为界面背景颜色，将背景垂直划分为左右两部分，形成无彩色与有彩色的对比，界面中的功能操作按钮和图标分别使用了高饱和度的墨绿色和橙色，使界面表现出活泼、天然的印象。

图 2-70　间色对比配色的 UI 设计 1

图 2-71　间色对比配色的 UI 设计 2

2.5.4　补色对比配色

色相环上距离相对的颜色称为互补色，如图 2-72 所示，是色相对比中对比效果最强的对比关系。一对补色并置在一起，可以使对方的色彩更加鲜明，如将红色与绿色相搭配，则红色变得更红，绿色变得更绿。

典型的补色是红色与绿色、蓝色与橙色、黄色与紫色。黄色与紫色由于明暗对比强烈，色相个性悬殊，因此成为上述 3 对补色中冲突最强烈的一对；蓝色与橙色的明暗对比居中，冷暖对比最强，是最活跃、生动的色彩对比；红色与绿色明暗对比近似，冷暖对比居中，在上述 3 对补色中显得十分优美。由于明度接近，两色之间相互强调的作用非常明显，能够产生炫目的效果。

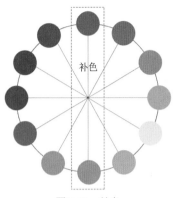

图 2-72　补色

◆ **案例分析**

图 2-73 所示是一个手表产品 App 界面设计，使用深蓝色的渐变作为界面背景颜色，给人一种稳重、大气的印象，在界面中为手表产品搭配浅橙色的背景，与深蓝色背景形成补色对比，很好地突出了界面中产品的表现，并且浅橙色的加入也为界面注入了活力。

图 2-74 所示是一个蛋糕网站 UI 设计，使用低明度的墨绿色作为界面的背景颜色，表现出自然、高贵的印象。在界面中搭配高饱和度的红色草莓蛋糕，与背景形成强烈的补色对比效果，使草莓蛋糕产品的表现更加突出。

图 2-73　补色对比配色的 UI 设计 1

图 2-74　补色对比配色的 UI 设计 2

2.5.5　冷暖对比配色

利用色相给人心理所带来的冷暖感差别形成的色彩对比称为冷暖对比。在色相环上把红、橙、黄称为暖色，把橙色称为暖极；把绿、青、蓝称为冷色，把天蓝色称为冷极。在色相环上利用相对应和相邻近的坐标轴，可以清楚地区分出冷暖两组色彩，即红、橙、黄为暖色，蓝紫、蓝、蓝绿为冷色。同时还可以看到红紫、黄绿为中性微暖色，紫、绿为中性微冷色，如图 2-75 所示。

色彩冷暖对比的程度分为强对比和极强对比。强对比是指暖极对应的颜色与冷色区域的颜色进行对比，冷极所对应的颜色与暖色区域的颜色进行对比；极强对比是指暖极与冷极的对比。

暖色与中性微冷色、冷色与中性微暖色的对比程度比较适中，暖色与暖极色、冷色与冷极色的对比程度较弱。

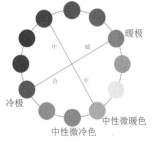

图 2-75　暖色和冷色

> **提示**　色彩的冷暖感觉是由物理、生理、心理及色彩本身等综合因素决定的。太阳、火焰等本身温度很高，它们反射出来的红橙色光有导热的功能。大海、蓝天、远山、雪地等环境是反射蓝色光最多的地方，所以这些地方总是冷的。因此在条件反射下，看见红橙色光都会感到温暖，看见蓝色，就会产生冷的感觉。

◆　**案例分析**

图 2-76 所示是一个天气 App 界面设计，使用手绘插画图形作为界面的背景，插画以高饱和度的蓝色作为主色调，界面右上角的功能操作按钮使用高饱和度的橙色进行搭配，与蓝色背景形成冷暖对比，并且两种色彩都是高饱和度鲜艳色彩，对比效果非常强烈。

图 2-77 所示是一个街舞网站 UI 设计，在灰暗的界面背景中分别添加黄色和蓝色的光线照射效果，在界面背景中形成冷暖对比，从而使界面整体的视觉表现效果更加活跃，给人一种时尚、个性的印象。

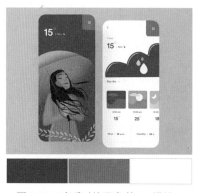

图 2-76　冷暖对比配色的 UI 设计 1

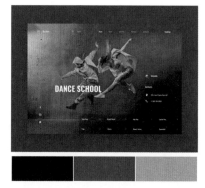

图 2-77　冷暖对比配色的 UI 设计 2

2.5.6　面积对比配色

色彩面积的大小对比对 UI 色彩印象的影响很大，有时甚至比色彩的选择更为重要。通常情况下，大面积的色彩多选择使用明度高、饱和度低、对比弱的色彩，给人带来明快、持久、和谐的舒适感；中等面积的色彩多选择使用中等程度的对比，既能够引起视觉兴趣，又不会产生过分的刺激；小面积色彩常常使用鲜艳色、明亮色和对比色，从而吸引用户的注意。

◆ **案例分析**

图 2-78 所示是一个金融 App 界面设计，在欢迎界面中使用高饱和度的蓝色插画图形作为界面的背景，在界面右下角搭配高饱和度的橙色按钮，形成色相的强烈对比。由于按钮面积较小，所以色彩的对比并不是特别强烈，但小面积高饱和度鲜艳色彩对比更容易引起用户的注意。

图 2-79 所示是一个产品宣传网站 UI 设计，在界面背景中使用白色与红色相搭配，将背景划分为左右相等的两部分，形成强烈的视觉对比，能够引起用户的视觉兴趣。界面左上角的网站 Logo 则搭配了小面积的深青色背景，与界面背景颜色形成对比，突出网站 Logo 的表现效果。

图 2-78　色彩面积对比配色的 UI 设计 1

图 2-79　色彩面积对比配色的 UI 设计 2

> **提示**　当色彩面积对比悬殊时，会减弱色彩的强烈对比和冲突效果，但从色彩的同时性作用而言，面积对比越悬殊，小面积的色彩所承受的视觉感可能会更强一点，就好比"万花丛中一点绿"那样引人注目。

2.5.7　主体突出的配色

在 UI 配色过程中，主体明度和纯度与背景色接近的画面容易给人以模糊不清、主次不明的感觉，不能很好地向用户传达主题。如果想要突出界面中的主体，可以改变主体的色彩饱和度或明度，或者是将两者同时改变，使其与界面背景形成较强的对比效果，使主体在界面中显得更加醒目，也使界面整体更加安定。

◆ **案例分析**

图 2-80 所示是一个日历 App 界面设计，使用蓝紫色作为界面的背景颜色，表现出时尚与理性的印象，日历部分是界面中的主体功能，为该部分搭配白色的背景，与蓝紫色的界面背

景形成强烈的对比，有效突出界面中主体内容的表现，界面视觉表现非常具有层次感。

图 2-81 所示是一个运动鞋 App 界面设计，使用白色作为界面背景颜色，背景表现简洁、明亮。每个运动鞋产品都有其自身的色彩，在白色背景下同样能够获得清晰的表现效果，但是为了突出运动鞋产品的表现，并能表现出界面的个性，为每个运动鞋产品都搭配了高饱和度的蓝色背景，从而使产品的表现效果更加突出，同时也凸显了界面的个性化。

图 2-80 主体突出的 UI 设计配色 1

图 2-81 主体突出的 UI 设计配色 2

2.6 课堂操作——旅行服务 App 配色设计

视频：视频 \ 第 2 章 \ 2-6.mp4   源文件：源文件 \ 第 2 章 \ 2-6.xd

◆ **案例分析**

本案例是一个旅行服务 App 的配色设计，最终效果如图 2-82 所示。

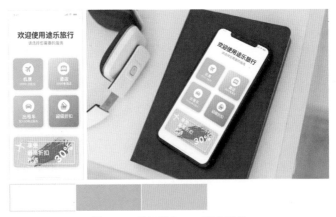

图 2-82 旅行服务 App 配色设计

背景色：浅蓝色。使用高明度的浅蓝色作为界面的背景颜色，使界面表现出清爽、柔和、舒适的感觉。

主题色：界面中不同的功能选项都使用了统一设计风格的图标进行表现，而各功能图标则使用了不同的高饱和度色彩进行区别表现，有效突出了各功能图标的视觉表现效果。机票图标选择蓝色，酒店图标选择棕色，出租车选择了青绿色，这样的色彩选择更符合各图标的行业特点，同时也有利于用户区分。

辅助色：在界面底部使用高饱和度的黄色与洋红色相搭配来表现促销折扣信息，表现效果突出，并且使界面视觉表现更加活跃。

◆ **制作步骤**

Step01 启动 Adobe XD，新建一个 iPhone X/XS/11 Pro 屏幕尺寸大小的文档，选择画板，在属性面板中设置"填充"为 #F5FDFE，如图 2-83 所示。将素材图像 2601.jpg 拖入画板，调整到合适的大小和位置，如图 2-84 所示。

图 2-83　设置画板填充颜色　　　　　　图 2-84　拖入素材图像

Step02 使用"文本"工具在画板中单击并输入文字，并设置文字的"填充"为 #172434，如图 2-85 所示。使用相同的制作方法，输入其他文字内容，如图 2-86 所示。

图 2-85　输入文字并设置属性　　　　　　图 2-86　输入其他文字

Step03 使用"矩形"工具，在画板中绘制一个 151px×151px 的矩形，设置该矩形的"填充"为白色，"边界"为无，"圆角半径"为 15，效果如图 2-87 所示。选中刚绘制的圆角矩形，设置其"填充"为从蓝色到青绿色的线性渐变，在圆角矩形上调整线性渐变填充效果，如图 2-88 所示。

Step04 选择该圆角矩形，按 Ctrl+C 组合键复制图形，按 Ctrl+V 组合键粘贴图形。选择复制得到的图形，在"属性"面板中选择"对象模糊"复选框，设置"数量"为 8，设置该图形"不透明度"为 50%，效果如图 2-89 所示。按 Ctrl+[组合键，将该图形后移一层。使用"椭圆"工具，按住 Shift 键在画板中绘制一个圆形，设置"填充"为白色，"边界"为无，效果如图 2-90 所示。

图 2-87　绘制圆角矩形并设置属性

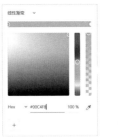

图 2-88　填充渐变颜色

图 2-89　设置对象模糊和不透明度效果

图 2-90　绘制圆形并设置属性

Step05 打开"素材 26.xd"文件，将飞机图标复制到当前画板中，效果如图 2-91 所示。使用"文本"工具在画板中单击并输入文字，并设置文字的"填充"为白色，如图 2-92 所示。

图 2-91　将图标复制到画板中

图 2-92　输入文字并设置属性

Step06 拖动鼠标同时选中组成第一个选项图标的所有内容，按住 Alt 键向右拖动鼠标，复制图标，如图 2-93 所示。对复制得到的图标进行修改，修改图标背景的渐变颜色填充，替换图标，修改文字，从而得到第二个选项图标，如图 2-94 所示。

图 2-93　复制图标

图 2-94　修改复制后的图标

Step07 使用相同的制作方法，可以完成界面中其他两个图标的制作，注意每个图标使用不同的渐变颜色进行区别表现，效果如图 2-95 所示。使用"矩形"工具，在画板中绘制一个 331px×147px 的矩形，设置该矩形的"填充"为 #FFD821，"边界"为无，"圆角半径"为 15，效果如图 2-96 所示。

图 2-95 制作其他图标

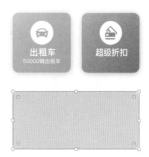

图 2-96 绘制圆角矩形并设置属性

Step 08 选中该圆角矩形，在"属性"面板中设置"阴影"为 50% 的 #FFD821，对相关选项进行设置，效果如图 2-97 所示。打开并拖入相应的素材图像，调整到合适的大小和位置，效果如图 2-98 所示。

图 2-97 设置阴影效果

图 2-98 拖入素材图像

Step 09 使用"钢笔"工具，在画板中绘制路径，设置"填充"为无，"边界"为白色，"描边宽度"为 3，效果如图 2-99 所示。选中刚绘制的路径，在"属性"面板中设置"阴影"为 16% 的黑色，对相关选项进行设置，效果如图 2-100 所示。

图 2-99 绘制路径

图 2-100 添加阴影效果

Step 10 使用"文本"工具在画板中单击并输入文字，并设置文字的"填充"为白色。

至此，完成该旅行服务 App 界面配色设计，最终效果如图 2-101 所示。

图 2-101　旅行服务 App 界面的最终效果

2.7　通过配色表现 UI 情感印象

色彩具有很强的表现力，可以准确地表达不同的情感和心理印象。在 UI 设计配色过程中，可以首先明确产品所需要表现的情感，再根据情感选择相应的色彩进行搭配。

2.7.1　暖色调配色

暖色调配色是针对人们对色彩的本能反应，以红色、橙色、黄色等具有温暖、热烈意向的色彩为主导的配色类型。在这些色彩的基础上，添加无彩色调和得到的色彩都属于暖色调的范畴。暖色调配色往往给人以活泼、愉快、兴奋、亲切的感受，适用于表现积极、努力、健康等主题。

◆　**案例分析**

暖色调配色非常适合餐饮美食类 UI 的配色。图 2-102 所示是一个蛋糕美食 App 界面设计，使用中等饱和度的红色到橙色渐变颜色作为界面的颜色背景，使界面表现出热情、欢乐的印象，在界面中搭配白色文字和白色背景的选项卡，内容清晰、明朗。

图 2-103 所示是一个电商 App 界面设计，使用高饱和度的黄色作为界面的背景颜色，在界面中搭配白色，这两种颜色都是明度最高的色彩，使界面表现出明亮、阳光、充满活力的印象，局部点缀青色的按钮，与黄色背景形成对比，表现效果突出。

图 2-102　暖色调配色的 UI 设计 1

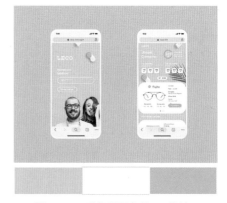

图 2-103　暖色调配色的 UI 设计 2

2.7.2　冷色调配色

冷色调配色与暖色调配色相反，是指运用青色、蓝色、绿色等具有凉爽、寒冷意象的色彩进行配色。在这些色彩的基础上添加无彩色调和得到的色彩都属于冷色调的范畴。冷色调配色往往给人以冷静、理智、坚定、可靠的感受，适用于表现商业、干练、学习等主题。

◆　**案例分析**

图 2-104 所示是一个太空探索 App 界面设计，使用低明度的深蓝色作为界面背景主色调，仿佛置身于深邃、宁静的太空，在界面中搭配不同明度的蓝色，创造出界面色彩层次感。界面整体色调统一，给人一种宁静、深邃、科技感的印象。

图 2-105 所示是一个运动鞋产品宣传网站 UI 设计，使用不同明度的青色渐变颜色作为该网站 UI 的背景颜色，与界面中的运动鞋产品的配色相呼应，表现出协调、统一的印象，在界面中搭配白色文字和图形，青色与白色的搭配表现出轻盈、透气、清爽的印象。

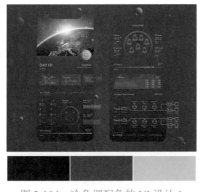

图 2-104　冷色调配色的 UI 设计 1　　　　　图 2-105　冷色调配色的 UI 设计 2

2.7.3　高调的配色

高调的配色是指选择较高饱和度和较强对比的色彩进行配色，给人以活泼、动感、前卫、热闹等感受，具有较强的感染力和刺激感，识别度极强。高调的配色适用于表现健康、强力、热闹、积极、欢乐、生动、活泼、动感、激烈、强烈、青年、儿童等主题。

◆　**案例分析**

图 2-106 所示是一个时尚设计 App 界面设计，使用低明度的深紫色作为界面的背景颜色，在界面中搭配了高饱和度的橙色、黄色和蓝色所组成的圆弧状图形背景，高饱和度色彩的图形与低饱和度的背景形成非常强烈的对比，使整个界面表现出热情、奔放、时尚的印象。

图 2-107 所示是一个金融科技网站 UI 设计，使用浅灰色作为界面的背景颜色，界面中的主体图形使用该网站 Logo 的色彩进行搭配，红色与蓝色的搭配表现出很强的对比效果，同时卡通插画图形的表现使网站 UI 表现出动感、活跃的印象。

图 2-106 时尚设计 App 界面配色

图 2-107 金融科技网站 UI 配色

图 2-108 所示是一个电商 App 引导界面设计，每个界面都采用相同的设计风格，通过卡通形象与突出的主题文字设计来表现促销活动主题，整个 App 引导界面的设计带给人一种购物狂欢的氛围。每个界面都采用了不同的背景主色调，并且使用多种高饱和度的色彩进行搭配，使整体表现出热情、时尚、欢乐的氛围。

图 2-108 电商 App 引导界面配色

2.7.4 低调的配色

低调的配色是指选择使用较低饱和度和弱对比的色彩进行配色，给人以质朴、安静、低调、稳重等感受。低调的配色视觉冲击力较弱，识别度相对较低，适用于表现朴素、温柔、平和、内敛、踏实、萧瑟、平常、大众、亲切、自然、沉稳等主题的。

◆ 案例分析

低饱和度的色彩能够给人一种低调、内敛的印象。图 2-109 所示是一个智能家居 App 界面设计，使用低饱和度的土黄色作为界面的背景主色调，搭配白色，表现效果非常朴实而自然，能够让人静下心来，享受家庭生活的宁静与舒适。

高明度的色彩能够给人一种柔和、低调的印象。图 2-110 所示是一个鲜花绿植网站 UI 设计，使用高明度的浅蓝色作为界面的背景颜色，使界面表现出轻柔、明亮、舒适的印象，局部搭配墨绿色和绿色的植物图片，使网站 UI 整体表现出悠闲、自然的印象。

图 2-109　智能家居 App 界面配色

图 2-110　鲜花绿植网站 UI 配色

2.7.5　健康的配色

健康的配色通常是指以绿色、蓝色、黄色和红色等色彩为主，结合明度和饱和度较高的色彩进行配色。这样的配色能够给人以明快、爽朗的感受，适用于表现自然、健康饮食、运动、环保、积极、乐活、天然、纯净等主题。

◆　**案例分析**

图 2-111 所示是一个餐饮美食 App 界面设计，使用高饱和度的青蓝色作为界面的主题色，使用纯白色作为界面的背景色，青蓝色与白色相搭配，使界面表现出清爽而富有活力的印象，为界面中的功能操作图标和按钮文字点缀高饱和度红色，突出相应选项的表现。

图 2-112 所示是一个健康生活网站 UI 设计，使用白色作为界面的背景颜色，在界面中搭配高明度低饱和度的浅灰绿色，使界面的表现非常清新、纯净。在界面中加入绿色植物素材，并为功能操作按钮点缀高饱和度的绿色，使整个网站 UI 的表现更加清新、自然、明快。

图 2-111　餐饮美食 App 界面配色

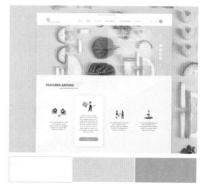

图 2-112　健康生活网站 UI 配色

2.7.6　警示的配色

警示的配色是指以红色、橙色、黄色和黑色等色彩组配的配色类型，属于强色调，具有强烈的对比效果，视觉冲击力很强，给人以不安、刺激、紧张等感受，适用于表现危险、暴力、意外、血液、诱惑、性感等主题。

◆　**案例分析**

图 2-113 所示是一个影视 App 界面设计，在恐怖类型的电影列表及介绍界面中使用深暗的暗红色作为界面的背景主色调，搭配高饱和度的红色文字及白色文字，使界面表现出恐怖、刺激、紧张的氛围，非常符合恐怖类型的电影所要渲染的氛围。

图 2-114 所示是一个卡通网站 UI 设计，使用深暗的蓝紫色作为界面的背景颜色，搭配形象恐怖的卡通食人鱼图形设计，使整个界面表现出一种神秘、幽暗、不安的印象，很好地营造出网站 UI 所要表达的氛围。

图 2-113　影视 App 界面配色　　　　　　　图 2-114　卡通网站 UI 配色

2.8　课堂操作——饮料预订 App 配色设计

视频：视频＼第 2 章＼2-8.mp4　　　　　源文件：源文件＼第 2 章＼2-8.xd

◆　**案例分析**

本案例是一个饮料预订 App 配色设计，最终效果如图 2-115 所示。

背景色：浅绿色。使用高明度的浅绿色作为界面背景颜色，使界面的表现更加柔和、清新，并且能够突出界面中文字和其他内容的表现。

主题色：绿色。使用高饱和度的绿色作为界面的主题色，与高明度的浅绿色背景相搭配，界面整体色调统一、和谐，并且绿色的配色设计能够表现出产品的新鲜感与健康感。

辅助色：黄绿色。在界面中加入黄绿色作为辅助色，丰富界面的视觉表现效果，更能突出饮料产品的自然与新鲜感。

图 2-115　饮料预订 App 配色设计

◆　**制作步骤**

Step01 启动 Adobe XD，新建一个 iPhone X/XS/11 Pro 屏幕尺寸大小的文档，选择画板，在属性面板中设置"填充"为 #53A687，如图 2-116 所示。使用"矩形"工具，在画板中绘制一个 160px×105px 的矩形，设置该矩形的"填充"为 #C1D96C，"边界"为无，并对"圆角半径"选项进行设置，如图 2-117 所示。

图 2-116　设置画板填充颜色

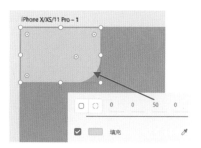

图 2-117　绘制矩形并设置属性

Step02 使用"文本"工具在画板中单击并输入文字，并设置文字的"填充"为白色，如图 2-118 所示。使用"矩形"工具，在画板中绘制一个 117px×290px 的矩形，设置该矩形的"填充"为 #DEF294，"边界"为无，并对"圆角半径"选项进行设置，如图 2-119 所示。

图 2-118　输入文字并设置属性

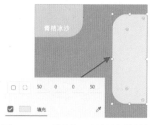

图 2-119　绘制矩形并设置属性

Step03 打开"素材 28.xd"文件，将用户图标复制到当前画板中，效果如图 2-120 所示。使用"矩形"工具，在画板中绘制一个 375px×580px 的矩形，设置该矩形的"填充"为 #E8FAF4，"边界"为无，并对"圆角半径"选项进行设置，如图 2-121 所示。

图 2-120　复制图标到画板中

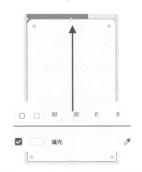

图 2-121　绘制矩形并设置属性

Step04 选中刚绘制的矩形，在属性面板中设置"阴影"颜色为 10% 的 #305245，并对阴影选项进行设置，效果如图 2-122 所示。使用"椭圆"工具，按住 Shift 键在画板中绘制一个圆形，设置该圆形的"填充"为白色，"边界"为 #53A687，对"边界"相关选项进行设置，效果如图 2-123 所示。

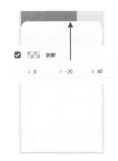

图 2-122　设置阴影效果

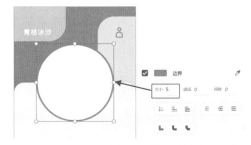

图 2-123　绘制圆形并设置属性

Step05 在刚绘制的圆形上双击，对圆形锚点进行调整，从而改变圆形形状，如图 2-124 所示。将素材图像 2801.jpg 拖入刚绘制的图形中，调整到合适的大小和位置，如图 2-125 所示。

图 2-124　修改圆形路径

图 2-125　拖入素材图像并调整大小和位置

Step06 选中刚绘制的图形，在属性面板中设置"阴影"颜色为 35% 的 #53A687，并对阴影选项进行设置，效果如图 2-126 所示。使用相同的制作方法，绘制出相应的圆形，效果如图 2-127 所示。

图 2-126　设置阴影效果

图 2-127　绘制其他圆形

Step07 使用相同的制作方法，输入相应的文字并绘制图形，完成界面中相应内容的制作，效果如图 2-128 所示。使用"矩形"工具，在画板中绘制一个 128px×85px 的矩形，设置该矩形的"填充"为白色，"边界"为 #C1D96C，并对"圆角半径"和"边界"选项进行设置，效果如图 2-129 所示。

图 2-128　输入文字并排版

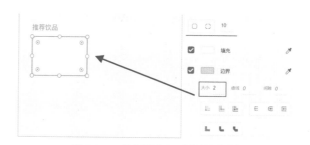

图 2-129　绘制圆角矩形并设置属性

Step08 将素材图像 2802.jpg 拖入刚绘制的矩形中，调整到合适的大小和位置，如图 2-130 所示。选中刚绘制的图形，在属性面板中设置"阴影"颜色为 30% 的 #C1D96C，并对阴影选项进行设置，效果如图 2-131 所示。

图 2-130　拖入素材图像并调整位置

图 2-131　设置阴影效果

Step 09 使用"矩形"工具，在画板中绘制一个 65px×32px 的矩形，设置该矩形的"填充"为 #C1D96C，"边界"为无，并对"圆角半径"选项进行设置，效果如图 2-132 所示。使用"文本"工具在画板中单击并输入文字，并设置文字的"填充"为白色，如图 2-133 所示。

图 2-132　绘制矩形并设置属性　　　　　　图 2-133　输入文字并设置属性

Step 10 使用相同的制作方法，完成界面中相似内容的制作，效果如图 2-134 所示。使用"矩形"工具，在画板中绘制一个 315px×60px 的矩形，设置该矩形的"填充"为白色，"边界"为无，"圆角半径"为 20，效果如图 2-135 所示。

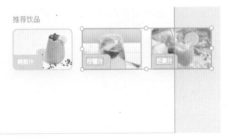

图 2-134　制作相似内容　　　　　　　　图 2-135　绘制圆角矩形并设置属性

Step 11 使用"选择"工具，在圆角矩形上双击，进入圆角矩形路径编辑状态，在路径上的合适位置双击添加平滑锚点，如图 2-136 所示。使用相同的方法添加多个平滑锚点，通过调整锚点方向线和锚点位置，从而改变图形的形状，效果如图 2-137 所示。

图 2-136　添加平滑锚点　　　　　　　　　图 2-137　调整路径

Step 12 为该图形添加阴影设置，打开"素材 28.xd"文件，将相应的图标复制到当前画板中。

至此，完成该饮料预订 App 界面配色设计，最终效果如图 2-138 所示。

图 2-138　饮料预订 App 界面的最终效果

2.9　拓展知识——色彩对人的心理影响

色彩有各种各样的心理和情感效果，会给人带来不同的感受和遐想，并且由于每个人的视觉感、审美、经验、生活环境、性格等不同，所带来的心理感受也有所不同。但是对于一些常见的色彩，大多数人所产生的视觉效果还是比较明显的，比如看见绿色时，会联想到树叶、草地的形象；看见蓝色时，会联想到海洋、水的形象。不管是看见某种色彩或是听见某种色彩名称时，内心就会自动地描绘出这种色彩所带来的感受，不管是开心、悲伤还是回忆等，都是色彩的心理反应。

红色给人以热情、兴奋、勇气、危险的感觉。

橙色给人以热情、勇敢、运动的感觉。

黄色给人以温暖、快乐、轻松的感觉。

绿色给人以健康、新鲜、和平的感觉。

青色给人以清爽、寒冷、冷静的感觉。

蓝色给人以孤立、认真、严肃、忧郁的感觉。

紫色给人以高贵、气质、忧郁的感觉。

黑色给人以神秘、阴郁、不安的感觉。

白色给人以纯洁、正义、平等的感觉。

灰色给人以朴素、模糊、抑郁、犹豫的感觉。

以上对色彩的印象是指在大范围的人群中获得认同的结果，但并不代表所有人都会按照上述说法产生完全相同的心理感受。根据不同的国家、地区、宗教、性别、年龄等因素的差异，即使是同一种色彩，也可能产生完全不同的解读。在设计时应该综合考虑多方面因素，避免造成误解。图 2-139 所示为几款出色的 UI 配色设计。

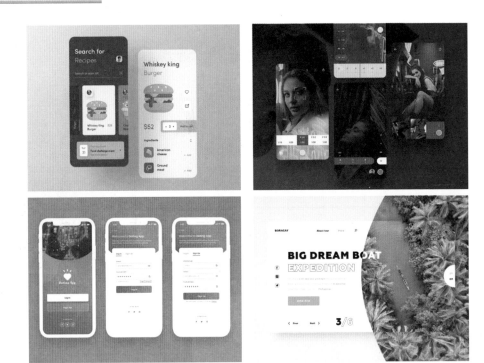

图 2-139　几款出色的 UI 配色设计

2.10　本章小结

在本章中向读者详细介绍了有关 UI 配色的基本方法，包括色调配色、UI 元素配色、色相配色、对比配色等多种配色方法，并且还介绍了如何通过配色来表现 UI 的情感印象。通过对本章内容的学习，读者需要理解并掌握 UI 配色的基本方法，并能够在实际的 UI 设计过程中合理地加以运用，从而设计出精美的 UI。

2.11　课后测试

完成本章内容学习后，接下来通过几道课后习题，检测一下读者对本章内容的学习效果，同时加深对所学知识的理解。

一、选择题

1. 下列色彩中不属于三原色的色彩的选项是（　　）。

A. 红色　　　　　　　B. 蓝色　　　　　　　C. 绿色　　　　　　　D. 黄色

2. 在色相环上间隔 60° 的色相对比称为（　　）。

A. 邻近色对比　　　　　　　　　　B. 同类色对比

C. 中差色对比　　　　　　　　　　D. 互补色对比

3. 设计配色的训练手法是（　　）。

A. 习作与写生　　　　　　　　　　B. 观察与写生

C. 创作与临摹　　　　　　　　　　D. 观察与创作

4. 下列色彩组合中，不属于互补色的是（　　　）。

A. 红色与绿色　　　　　　　　　B. 黄色与紫色

C. 红色与蓝色　　　　　　　　　D. 橙色与蓝色

5. 相同面积和形状的两个对比色，由于在空间位置的距离不同，对比效果亦不相同，请判断以下哪一种是正确的？（　　　）

A. 两种颜色距离越远，对比效果越强

B. 减少两种颜色之间的距离，对比效果逐渐增强

C. 两种颜色互相呈现相交状态，对比效果弱

D. 一种颜色被另一种颜色包围，对比效果最弱

二、填空题

1. 色相环上间隔约 180° 的两种色相的关系称为＿＿＿＿＿＿色。

2. 在纯色中加入白色所形成的色调被称为＿＿＿＿＿＿，在纯色中加入黑色所形成的色调被称为＿＿＿＿＿＿。此外，在纯色中加入灰色所形成的色调被称为＿＿＿＿＿＿。

3. ＿＿＿＿＿＿是指色相性质相同，但色彩明度和饱和度有所不同的色彩搭配，属于弱对比效果的配色。

4. 色彩纯度值越＿＿＿＿＿＿，画面显示越鲜艳、活泼，越能吸引眼球，独立性及冲突感越强；色彩纯度值越＿＿＿＿＿＿，画面显示越朴素、典雅、安静、温和，独立性及冲突感越弱。

5. ＿＿＿＿＿＿、＿＿＿＿＿＿、＿＿＿＿＿＿是通过原色相混合而得到的间色，其色相对比略显柔和。

三、操作题

根据本章所学习的 UI 配色知识，完成一个影视类 App 界面的配色设计，具体要求和规范如下。

（1）内容 / 题材 / 形式：影视类 App 配色设计。

（2）设计要求：在 Adobe XD 中完成影视类 App 界面的配色设计，要求美观大方，界面信息内容清晰易读，能够有效吸引年轻用户群体的关注。

第3章 UI设计配色技巧

在UI配色设计过程中，除了考虑产品本身的特点，还需要遵循一定的艺术规律，才能设计出色彩鲜明、风格独特的UI设计。本章将向读者介绍一些UI设计配色技巧，希望能够帮助读者少走弯路，快速提高UI设计配色水平。

3.1 UI中色彩的作用与心理感受

UI配色设计的一个基本原则就是避免界面中出现过多的色彩，使用过多的色彩进行搭配很容易导致界面看起来非常杂乱。每种色彩都能够给用户带来不同的心理感受，合理地使用色彩，可以使产品更受用户欢迎。

3.1.1 UI中色彩的作用

对于设计师而言，学会为UI设计配色做减法是一项很重要的技能，简洁的配色能够把重点第一时间呈现给用户。

1.视觉区分

在一个App或者网站UI中可能会有多个主要且同级别的功能和分区，这时设计师需要对界面中的信息内容和功能模块进行整体规划，建立界面的基本布局来帮助用户在视觉上更好地进行区分，配色可以很好地帮助设计师实现这一目标。

配色可以完成UI中不同内容和功能的视觉区分，但是UI中的视觉区分不能只通过配色来实现，还可以结合文字、图标和布局的设计，从而使UI中的视觉区分更加清晰、明确。

◆ **案例分析**

图3-1所示是一个与动物相关的App界面设计，使用白色作为界面的背景颜色，界面中不同的动物介绍内容分别使用了不同的高饱和度色彩背景，使界面中内容的划分非常清晰、明确，界面内容一目了然。多种高饱和度色彩的加入，使界面表现非常欢快、活跃。

按照传统的配色方法与技巧，在同一个界面中配色不要超过3种，但是仍然需要从实际情况出发。图3-2所示是一个金融理财App界面设计，使用深蓝色作为界面的背景颜色，界面中不同类型的产品信息分别使用了不同的高饱和度颜色进行表现，不仅与界面背景形成对比，从背景中凸显出来，并且各信息之间能够形成有效的视觉区分，使各信息的表现非常直观、清晰。

> **提示** 文字相对于色彩来说，给用户带来的视觉体验相对弱一些，所以需要对界面中的内容做一个优先级的排序，优先使用色彩对重要的文字内容进行突出表现。

图 3-1　动物 App 界面配色

图 3-2　金融理财 App 界面配色

2. 创造界面风格

　　UI 的视觉风格是由产品自身的定位和用户需求所决定的，有些产品要求界面具有活力，能够让用户产生兴奋感或购买欲望，此时可以使用光波较长的红色和橙色作为 UI 设计的主色调；有些产品强调为用户带来沉稳、舒适、内敛的感受，此时可以使用蓝色、灰色作为 UI 设计的主色调。

◆　**案例分析**

　　图 3-3 所示是一个快餐食品 App 界面设计，使用了该品牌的标准色黄色作为界面的主题色，黄色能够给人带来欢乐、活跃、温暖的感觉，在界面中与白色的背景颜色相搭配，界面整体表现明亮、欢乐，并且富有活力。

　　图 3-4 所示是一个男士手表网站 UI 设计，使用接近黑色的深灰色作为界面的主题色，在界面中与低饱和度的深蓝色相搭配，体现出理性、稳重的印象，在界面中加入白色进行调和，防止界面整体色调过暗给人带来压抑感。

图 3-3　快餐食品 App 界面配色

图 3-4　男士手表网站 UI 配色

提示　　一款产品的视觉风格是由文字、图像和色彩共同构成的，不仅仅只有 UI 配色可以创建一个产品的视觉风格，文字、图像等同样可以影响产品的视觉风格。

3. 吸引用户注意力

在 UI 设计过程中，通常使用配色来吸引用户的注意力，最常用的就是为界面中的主要内容或功能搭配与界面背景颜色呈强烈对比的色彩，从而使其从背景中凸显出来。

当然，也可以不使用对比配色的方式来吸引用户的注意力，而是在界面中使用大面积留白，这样用户的注意力同样会被吸引到界面中的主要内容或功能上。

◆ **案例分析**

图 3-5 所示是一个金融 App 界面设计，使用白色作为界面的背景颜色，高饱和度的蓝色作为界面的主题色，使界面中不同的内容区域划分非常明确，蓝色给人以理性、科技感。界面中的各选项功能使用了与白色背景呈对比的蓝色和紫色进行表现，表现效果突出，有效吸引用户的注意力。

图 3-6 所示是一个蛋糕网站 UI 设计，界面设计非常简洁，纯白色的背景搭配少量文字和大幅的蛋糕图片，界面中充分使用留白处理，使蛋糕图片在界面中的表现非常突出，有效吸引用户的关注。在界面局部点缀高饱和度的黄色，活跃界面的整体氛围。

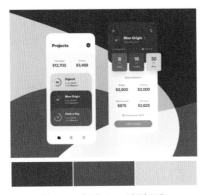

图 3-5　金融 App 界面配色

图 3-6　蛋糕网站 UI 配色

3.1.2　应用色彩感觉进行配色

色彩有着各种各样的视觉效果和心理感受，会营造出不同的环境气氛，如轻重、冷暖、软硬等。理解色彩带给人们的不同心理感受，并能够在 UI 配色中进行灵活运用，可以使产品的 UI 更适合用户的心理需求。

1. 色彩的轻重感

色彩的明度能够体现色彩的轻重感。明度高的色彩会使人联想到蓝天、白云、彩霞、花卉、棉花、羊毛等，产生轻柔、飘浮、上升、敏捷、灵活的感觉。明度低的色彩易使人联想到钢铁、大理石等物品，产生沉重、稳定、降落的感觉。

◆ **案例分析**

图 3-7 所示是一个音乐 App 界面设计，使用白色作为界面的背景颜色，高明度的浅蓝色作为界面的主题色，浅蓝色与白色相搭配使界面表现非常明亮、洁净，使人联想到蓝天、白云，给人一种轻柔、舒适的感觉。

图 3-8 所示是一个摩托车宣传网站 UI 设计，使用明度非常低的深灰色作为界面的背景颜色，与黑色的摩托车产品图片相搭配，表现出很强的金属质感，体现出摩托车产品的稳重与高品质。

图 3-7　音乐 App 界面配色　　　　　　　图 3-8　摩托车宣传网站 UI 配色

2. 色彩的冷暖感

色彩本身并无冷暖的温度差别，色彩的冷暖感是指在视觉上色彩会引起人们对冷暖感觉的心理联想。红、橙、黄、红紫等颜色会使人马上联想到太阳、火焰、热血等，产生温暖、热烈的感觉；青、蓝、蓝紫等颜色很容易使人联想到太空、冰雪、海洋等，产生寒冷、理智、平静的感觉。

◆ **案例分析**

图 3-9 所示是一个机票预订 App 界面设计，使用与飞机相关的图片作为界面背景，在背景图片上方覆盖高饱和度的蓝色，在界面中搭配白色的文字和按钮图形，使界面的视觉表现效果清晰而直观。蓝色属于冷色调，能够使人联想到天空、大海等，非常适合用作该机票预定 App 界面的主题色，给人的感觉十分清爽。

图 3-10 所示是一个手机产品宣传网站 UI 设计，使用白色作为该界面的背景颜色，选择与产品外观色彩相同的高饱和度红色作为该界面的主题色，高饱和度的红色表现出强烈的热情、激情的色彩印象，界面的整体配色使人感觉热情且富有现代感。

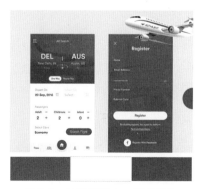

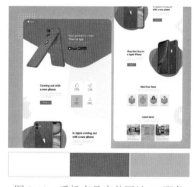

图 3-9　机票预订 App 界面配色　　　　　　图 3-10　手机产品宣传网站 UI 配色

3. 色彩的前进与后退感

在相同的距离看两种颜色，会产生不同的远近感。实际上这是一种错觉，一般暖色、纯色、高明度色、强烈对比色、大面积色、集中色等会使人产生前进的感觉；相反，冷色、浊色、低明度色、弱对比色、小面积色、分散色等则使人产生后退的感觉。

◆ **案例分析**

图 3-11 所示是一个餐饮美食 App 界面设计，使用美食图片作为界面背景，添加半透明的黑色进行覆盖，将背景压暗。在界面中搭配高纯度的鲜艳黄色按钮和选项背景，与背景形成强烈的对比效果，使界面中的高纯度黄色区域产生向前突出的视觉感。

图 3-12 所示是一个化妆品网站 UI 设计，使用低明度的深墨绿色作为界面的背景颜色，表现出一种宁静与高贵感。在产品部分搭配比背景明度稍高的墨绿色花纹素材，使界面背景产生深邃与后退感。

图 3-11　餐饮美食 App 界面配色　　　　图 3-12　化妆品网站 UI 配色

4. 色彩的华丽与质朴感

色彩属性能在一定程度上影响界面的华丽与质朴感，其中与色彩饱和度的关系最大。明度高、饱和度高、丰富、强对比的色彩能够给人以华丽、辉煌的感觉；明度低、饱和度低、单纯、弱对比的色彩能够给人以质朴、典雅的感觉。

◆ **案例分析**

图 3-13 所示是一个相机 App 界面设计，界面设计非常简洁，使用白色作为界面的背景颜色，有效突出界面中照片和功能操作选项的表现，各功能操作按钮和图标都使用了高饱和度的洋红色到紫色渐变颜色进行配色，突出功能操作按钮的表现，同时也使界面表现出华丽、前沿的氛围。

图 3-14 所示是一个鲜花 App 界面设计，欢迎界面使用色调偏暗的鲜花图片作为界面背景，表现出低调、柔美的印象。主界面使用高明度、低饱和度的粉红色作为界面背景颜色，在界面中搭配同色系的粉红色图标，界面整体色调统一、和谐，给人一种柔美、典雅的印象。

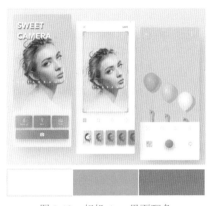

图 3-13　相机 App 界面配色

图 3-14　鲜花 App 界面配色

5. 色彩的兴奋与沉静感

色相和饱和度在决定色彩的兴奋、沉静感中起着关键作用。低饱和度的蓝、蓝绿、蓝紫等色彩给人以沉着、平静的感觉；高饱和度的红、橙、黄等鲜艳而明亮的色彩给人以兴奋感；中性色没有这种感觉。明度也能够在一定程度上影响色彩的兴奋与沉静感。

◆ **案例分析**

图 3-15 所示是一个女性时尚购物 App 界面设计，使用高饱和度的红橙色作为界面主色调，表现出年轻、时尚人群的兴奋、活力与激情之感。除了高饱和度的橙色，界面中还用纯白色与黑色相搭配，产生强对比的表现效果，使界面给人带来很强的视觉冲击力。

图 3-16 所示是一个旅游网站 UI 设计，使用低明度的深灰蓝色作为网站界面背景颜色，与界面顶部的自然风格图片相结合，使界面表现出稳定、宁静、舒适的氛围。在界面中搭配白色的文字，界面清晰、易读，局部点缀少量高饱和度的橙色，有效活跃界面整体氛围。

图 3-15　时尚女性购物 App 界面配色

图 3-16　旅游网站 UI 配色

6. 色彩的活跃与庄重感

低饱和度、低明度的色彩能够给人带来庄重、严肃的感觉；高饱和度、丰富、强对比的色彩能够给人带来跳跃、活泼、有朝气的感觉。

◆ **案例分析**

图 3-17 所示是一个男士手表 App 界面设计，使用高明度、低饱和度的灰蓝色作为界面的背景颜色，与低明度的深灰蓝色相搭配，体现出稳重而大气的印象。界面中并没有使用其他任何高饱和度的色彩，重点突出界面中手表产品图片的表现效果，搭配少量浅灰色和白色的文字，整体给人一种精致而高档的感觉。

图 3-18 所示是一个美食网站 UI 设计，使用白色和高饱和度的黄色作为界面背景颜色，将界面背景垂直划分为左右两部分，表现出强烈的视觉对比效果，在界面中搭配简洁、清晰的文字，并在局部点缀高饱和度的绿色，使整个界面表现出欢乐、活跃、开心的氛围。

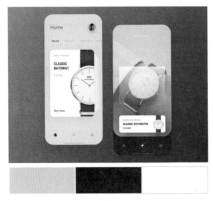 

图 3-17　男士手表 App 界面配色　　　　　图 3-18　美食网站 UI 配色

3.2 使用无彩色调和 UI 配色

黑色、白色、灰色统称为无彩色，它们是天生的调和色，在大多数色彩搭配中都可以加入黑、白、灰进行调和处理，从而得到满意的效果。

3.2.1　加入白色调和，使界面更加轻盈、透气

白色形成的光影效果能够呈现出很强的通透感和空间感，而且不会给画面造成任何负担。白色可以起到很好的衬托作用，是很容易被忽略却又不可或缺的调和色。

在 UI 设计中，通常使用白色作为界面的背景颜色，使界面表现出洁净、明亮的感觉。在白色背景上搭配有彩色，可以将有彩色衬托得更加清晰、明确，并且能够有效弱化有彩色的嘈杂感，给人带来清爽的视觉印象。

◆ **案例分析**

图 3-19 所示是一个牙齿健康 App 界面设计，使用高饱和度的蓝色作为界面的主题色，在界面中搭配浅蓝色的背景，使界面表现出统一的色调印象，整体给人一种清爽、健康的印象。为界面中的文字内容添加白色的背景色块，使界面表现更加自然、通透，给人以蓝天、白云的自然感受。

图 3-20 所示是一个蛋糕甜品网站 UI 设计，使用白色作为界面的背景颜色，白色可以与任何颜色相搭配，并且能够有效突出其他颜色的表现效果。在该网站界面使用白色背景搭配

灰绿色的主题颜色，使界面表现出悠闲、轻盈、舒适的印象。

图 3-19　牙齿健康 App 界面配色

图 3-20　蛋糕甜品网站 UI 配色

如果需要突出界面中某种有彩色的表现，可以使用白色作为界面的背景颜色，能够有效突出界面中其他有彩色的表现，使有彩色表现得更为醒目。

如果 UI 使用了有彩色作为背景颜色，那么界面中的内容也可以添加白色的背景颜色，从而突出白色背景部分的表现，同样能够表现出很好的视觉效果。

◆　**案例分析**

图 3-21 所示是一个儿童 App 界面设计，使用白色作为界面的背景颜色，很好地突出了界面中信息内容的表现，界面中不同的信息内容分别使用了高饱和度的蓝色和黄色进行突出表现，有彩色在白色背景上的表现非常醒目，结合卡通图形的设计，使界面表现出欢乐且富有童趣的印象。

图 3-22 所示是一个房产销售 App 界面设计，使用低明度的深蓝色作为界面背景颜色，使界面表现出稳沉的印象，界面中的主体内容则搭配了白色的背景，与界面背景形成强烈对比，很好地突出了界面主体内容的表现，并且增强了界面的层次感。

图 3-21　儿童 App 界面配色

图 3-22　房产销售 App 界面配色

3.2.2　加入黑色调和，使界面更加稳重、大气

黑色是一种具有重量感的颜色，能起到稳定作用，任何复杂的配色设计，只要加入黑色进行调和，就能使画面产生重心感和秩序感，使画面稳定下来。

如果在 UI 中使用高明度、低饱和度的浅色调色彩搭配，整个画面就会给人以轻柔的感觉；如果需要突出这类色彩的主角地位，可以在界面中加入黑色进行调和，使画面具有稳定感。

◆ **案例分析**

图 3-23 所示是一个闹钟 App 界面设计，使用黑色作为界面的背景颜色，给人带来稳定感与踏实感，在界面中搭配深灰色的色块及白色文字，层次感表现清晰、明确。界面中的重点功能操作选项使用高明度的黄色进行表现，与黑色背景形成强烈对比，有效突出重点功能操作选项的表现效果，也使界面更具有活力。

图 3-24 所示是一个快餐美食 App 界面设计，使用白色作为界面的背景颜色，界面信息内容表现非常清晰、直观，加入高饱和度的黄色作为点缀，界面表现明亮、柔和。在界面顶部加入黑色进行搭配，在界面中划分不同的内容区域，并且使界面表现出稳定感。

图 3-23　闹钟 App 界面配色　　　　图 3-24　快餐美食 App 界面配色

如果在 UI 设计中使用了多种色彩进行搭配设计，画面会显得比较混乱，这时只需在界面中加入黑色，就可以使 UI 配色表现出统一和秩序感。

红色与黑色的配色能够给人带来强烈的视觉冲击力，留下深刻印象，而红色、黑色和白色的配色通常用于时尚主题。黑色能够将本身就强烈的红色衬托得更加夺目，因此红色与黑色的配色能够产生独特的震撼力，可以很好地突出重点内容。在红色与黑色的搭配中加入白色，能够有效缓和压抑的感觉，形成平衡感。

◆ **案例分析**

图 3-25 所示是一个运动健身 App 界面设计，各种运动数据分别使用了高饱和度的青色和洋红色图形进行表现，有效区别不同数据的表现效果，并且通过色彩对比使界面表现更加具有动感。为了使界面表现出稳定感与秩序感，使用黑色作为该界面的背景颜色，从而使整体配色表现出统一和秩序感。

图 3-26 所示是一个摩托车宣传网站 UI 设计，使用接近黑色的深灰色作为界面的背景颜色，与摩托车产品的颜色保持一致，给人带来酷炫、大气的印象。在界面中加入高饱和度的红色进行搭配，给人以强烈的视觉冲击力，表现出时尚、激情的印象。

图 3-25　运动健身 App 界面配色

图 3-26　摩托车宣传网站 UI 配色

3.2.3　加入灰色调和，使 UI 更具有质感

灰色是一种比白色更柔和的调和色，它能够与任何色彩搭配使用。灰色能够很好地凸显有彩色的表现效果，但又不会显得太过突兀，也完全不用担心灰色会抢占有彩色的光芒。在 UI 设计配色中加入灰色进行调和，可以使色彩表现更具有氛围感。

在 UI 设计中，如果需要突出界面主体的表现，可以使用灰色作为界面的背景颜色，特别是主体的色彩饱和度或明度较低时，需要表现出强烈的对比效果，如灰色与亮黄色的搭配。

如果希望 UI 表现出低调奢华的感觉，可以在 UI 配色中加入灰色，选择与灰色差异较小的低饱和度色彩进行搭配，可以使 UI 表现出高雅的氛围。

◆　**案例分析**

图 3-27 所示是一个手表 App 界面设计，使用高明度的浅灰色作为界面的背景颜色，使界面表现出高档与品质感。在界面中为功能操作按钮和图标搭配中等饱和度的棕色，界面整体色调表现稳重，不会产生强烈的视觉对比冲突，界面整体表现出优雅的氛围。

图 3-28 所示是一个手表宣传网站 UI 设计，在界面背景中使用浅灰色和深灰色将界面背景垂直划分为左右两部分，将手表产品图像放置在界面中心位置，有效突出产品的表现，并且在界面中加入了中等饱和度的红色，更加突出主题的表现，界面整体表现出平和、高雅、高档的印象。

图 3-27　手表 App 界面配色

图 3-28　手表宣传网站 UI 配色

3.2.4 综合运用无彩色进行调和配色

无彩色能够整合 UI 配色的整体印象，使有彩色表达的意向更加明确而强烈。黑色与白色的配色给人以极简的印象，适用于表现高端、纯粹、坚定等意象的主题；灰色是一种搭配度极高的色彩，几乎能够与任何一种色彩进行组合搭配，不同的明度可以使灰色呈现出不同的面貌及丰富的层次感。

◆ **案例分析**

图 3-29 所示是一个绿植 App 界面设计，使用白色作为界面的背景颜色，使界面中的绿植图片和信息表现非常清晰、易读。在界面中搭配黑色的按钮和图标，与背景的对比效果非常强烈，并且与绿植产品的包装颜色相呼应，整个界面表现出强烈的视觉冲击力和个性感。

图 3-30 所示是一个录音 App 界面设计，使用接近黑色的深灰色作为界面的背景颜色，在界面中搭配白色的文字，非常清晰、易读。界面中的录音图形部分使用高饱和度的黄色搭配，功能操作按钮使用高饱和度的蓝色搭配，都能够与深灰色背景形成强烈的对比效果，突出界面中重要功能的表现，同时也使界面的表现更加活跃。

图 3-29　绿植 App 界面配色

图 3-30　录音 App 界面配色

提示　在色彩搭配中，除了单独使用黑色、白色、灰色进行调和，还可以在界面中同时使用黑色、白色和灰色，这样可以使整个画面的色彩搭配层次分明、主题突出、画面更丰富。

3.3 课堂操作——照片视频分享 App 配色设计

视频：视频 \ 第 3 章 \ 3-3.mp4　　　　*源文件：源文件 \ 第 3 章 \ 3-3.xd*

◆ **案例分析**

本案例是一个照片视频分享 App 配色设计，最终效果如图 3-31 所示。

图 3-31　照片视频分享 App 配色设计

　　背景色：浅灰色。使用浅灰色作为界面的背景颜色，浅灰色没有白色那么明亮，但同样能够有效突出界面中信息内容的表现，并且视觉效果非常舒适、不刺眼。

　　主题色：深灰色。界面中主要以图片的表现为主，在导航菜单的下方应用深灰色的背景，不仅突出了导航菜单的表现，还能使界面的表现更加稳定。

　　点缀色：红色。整体无彩色的配色设计，有效突出界面中图片的表现，为重点功能和信息文字点缀高饱和度的红色，有效突出重点信息和内容的表现，并且能够活跃界面氛围。

◆　制作步骤

　　Step 01 启动 Adobe XD，新建一个 iPhone X/XS/11 Pro 屏幕尺寸大小的文档，修改画板名称，在属性面板中设置画板的"填充"为 #F9F9F9，如图 3-32 所示。打开"素材 33.xd"文件，将状态栏复制到当前画板中，效果如图 3-33 所示。

图 3-32　设置画板填充颜色　　　　　　　　　　图 3-33　复制状态栏到画板中

　　Step 02 使用"文本"工具在画板中单击并输入文字，并设置文字的"填充"为 #3E3E3E，如图 3-34 所示。使用"矩形"工具，在画板中绘制一个 21px×21px 的矩形，设置该矩形的"填充"为 #FF4848，"边界"为无，按 Ctrl+[组合键，将矩形调整至文字的下方，效果如图 3-35 所示。

图 3-34　输入文字并设置属性　　　　　　　图 3-35　绘制矩形并调整文字

Step 03 打开"素材 33.xd"文件，将菜单和搜索图标分别复制到当前画板中，效果如图 3-36 所示。使用"矩形"工具，在画板中绘制一个 343px×58px 的矩形，设置该矩形的"填充"为 #3E3E3E，"边界"为无，"圆角半径"为 40，效果如图 3-37 所示。

图 3-36　复制菜单和搜索图标到画板中　　　图 3-37　绘制圆角矩形

Step 04 使用"文本"工具在画板中单击并输入文字，并设置文字的"填充"为白色，将除"日本"以外的文字"不透明度"设置为 20%，效果如图 3-38 所示。使用"矩形"工具，在画板中绘制一个 36px×4px 的矩形，设置该矩形的"填充"为 #FF4848，"边界"为无，"圆角半径"为 2，效果如图 3-39 所示。

图 3-38　输入文字并设置属性　　　　　　　图 3-39　绘制圆角矩形

Step 05 使用"矩形"工具，在画板中绘制一个 343px×235px 的矩形，设置该矩形的"填充"为黑色，"边界"为无，"圆角半径"为 40，效果如图 3-40 所示。将素材图像 3304.jpg 拖入刚绘制的圆角矩形，调整到合适的大小和位置，效果如图 3-41 所示。

Step 06 使用"椭圆"工具，在画板中绘制一个 38px×38px 的圆形，设置该圆形的"填充"为黑色，"边界"为白色，"描边宽度"为 2，效果如图 3-42 所示。将素材图像 3301.jpg 拖入刚绘制的圆形中，使用"文本"工具在画板中单击并输入文字，效果如图 3-43 所示。

图 3-40　绘制圆角矩形

图 3-41　拖入素材图像

图 3-42　绘制圆形

图 3-43　输入文字

Step 07 使用"椭圆"工具，在画板中绘制一个 46px×46px 的圆形，设置该圆形的"填充"为白色，"边界"为无，效果如图 3-44 所示。使用"多边形"工具，在画板中绘制一个三角形，设置该三角形的"填充"和"边界"均为 #FF4848，并对"边界"的相关选项进行设置，效果如图 3-45 所示。

图 3-44　绘制圆形

图 3-45　绘制三角形并设置属性

Step 08 使用"文本"工具在画板中单击并输入文字，打开"素材 33.xd"文件，将星星图标复制到当前画板中，效果如图 3-46 所示。使用"矩形"工具，在画板中绘制一个 258px×60px 的矩形，设置"圆角半径"为 20，"阴影"为 22% 的 #3E3E3E，并对其他选项进行设置，效果如图 3-47 所示。

Step 09 打开"素材 33.xd"文件，将相应的图标复制到当前画板中，使用"文本"工具在画板中单击并输入相应的文字，效果如图 3-48 所示。使用相同的制作方法，可以完成该界面中其他内容的制作，效果如图 3-49 所示。

图 3-46　复制星星图标到画板中

图 3-47　绘制圆角矩形

图 3-48　复制图标到画板中并输入文字

图 3-49　制作其他内容

Step 10 选中画板，按住 Alt 键不放拖动鼠标复制画板，将复制到画板中的内容删除，在画板名称位置双击修改画板名称，如图 3-50 所示。使用"椭圆"工具，在画板中绘制一个 496px×496px 的圆形，设置该圆形的"填充"为黑色，"边界"为无，效果如图 3-51 所示。

图 3-50　修改画板名称

图 3-51　绘制圆形

Step 11 将素材图像 3307.jpg 拖入刚绘制的圆形，调整到合适的大小和位置，效果如图 3-52 所示。使用相同的制作方法，输入文字并拖入相应的图标素材，效果如图 3-53 所示。

Step 12 将播放图标从"首界面"画板中复制到"城市界面"画板中，调整到合适的大小和位置，修改圆形的"填充"为 #FF4848，三角形的"填充"和"边界"为白色，效果如图 3-54 所示。选择圆形，设置"阴影"为 80% 的 #FF4848，并对相关选项进行设置，效果如图 3-55 所示。

图 3-52　拖入素材图像

图 3-53　输入文字并拖入素材

图 3-54　修改属性后的效果

图 3-55　修改圆形的属性

Step 13 使用相同的制作方法，完成该界面中其他内容的制作。

至此，完成该照片视频分享 App 配色设计，最终效果如图 3-56 所示。

图 3-56　照片视频分享 App 最终效果

3.4　使用色彩突出 UI 主题

无论在使用移动产品还是浏览网站时，都会发现优秀的 UI 设计配色经常会将整个界面的主题明确突出，能够聚焦用户的目光。主题往往被恰当地突出显示，在视觉上形成一个中心点。如果主题不够明确，就会让用户感觉界面混乱，整体配色也会缺乏稳定感。

3.4.1　使用高饱和度色彩烘托主题表现

不同的 UI 在突出主题时所使用的方法也不同，一种是将主题的配色突出的非常强势，另一种是通过相应的配色技巧将主题很好地进行强化和凸显。

在 UI 配色设计中，为了突出界面的主要内容和主题，提高主题区域的色彩饱和度是最有效的方法。饱和度就是鲜艳度，当主题配色比较鲜艳，与界面背景和其他内容区域的配色相区分，就会达到确定主题的效果。

◆ **案例分析**

图 3-57 所示是一个智能家居管理 App 界面设计，将白色作为界面的背景颜色，左侧界面中主体信息部分的背景颜色为高明度的蓝色和橙色，与白色背景相搭配，使界面表现非常明亮、柔和，但对比度不够，主题内容不够突出。在右侧界面中，将主题部分的背景色修改为高饱和度的鲜艳蓝色和橙色，与白色背景形成强烈对比，有效突出界面中主题内容的表现。

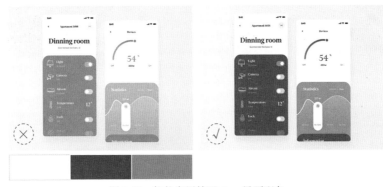

图 3-57 智能家居管理 App 界面配色

突出 UI 主题的方法有两种：一种是直接增强主题的配色，保持主题的绝对优势，可以通过提高主题配色的饱和度、增大整个界面的明度差、增强色相对比来实现；另一种是间接强调主题，在主题配色较弱的情况下，通过添加衬托色或削弱辅助色等方法来突出主题的相对优势。

◆ **案例分析**

图 3-58 所示是一个宠物 App 界面设计，其中一个界面使用偏暗的动物图片作为界面背景，而另一个界面使用白色作为界面背景颜色，但这两个界面中的主题内容部分都搭配了高饱和度的青色背景，从而在界面中突出主题内容的表现，增强界面内容的层次感。

图 3-59 所示是一个汽车宣传网站 UI 设计，使用低明度、低饱和度的灰蓝色渐变作为界面的背景颜色，使界面表现出沉稳、大气的印象。在界面中搭配高饱和度的红色汽车产品图片，并且局部搭配红色图形装饰，与灰蓝色的背景形成强烈对比，红色汽车产品的表现非常突出，并且给人一种富有激情的印象，这种对比色的搭配，主题非常明确、突出。

> **提示** 不同的 UI 所表达的主题有所不同，如果都通过提高色彩饱和度来突出主题表现，那么有可能造成 UI 整体色调过于鲜艳，还会让用户分不清主题，因此在确定 UI 主题配色时，应充分考虑与周围色彩的对比情况，通过对比色能够有效突出主题。

图 3-58　宠物 App 界面配色

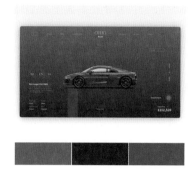

图 3-59　汽车宣传网站 UI 配色

3.4.2　通过留白突出 UI 主题

在 UI 设计中，需要为界面留出一些空白。UI 中的留白分为无心留白和有意留白，由于界面内容多少而出现的留白是无心留白，特意安排的空白空间是有意留白。虽然无心留白也能够让界面拥有呼吸的空间，在设计时还是应当多使用有意留白。合理的留白处理能够给界面内容保留呼吸的空间，让界面更通透，浏览者不会被大量的密集内容压得喘不过气。

在 UI 设计中，留白的处理非常重要，通过留白能够有效凸显出界面中的主题和重点内容。需要注意的是，界面中的留白并不一定就是白色，而是指在界面中合理地保留空白区域（没有任何内容的区域）。

◆　**案例分析**

图 3-60 所示是一个汽车 App 界面设计，在元素的周围、元素和元素之间或界面布局中大胆留白。通过留白的处理，不仅能够提高界面的可读性，区分内容主次，同时对于布局也起到了重要作用，使用户很容易发掘界面中的核心功能和内容。

图 3-61 所示是一个灯具产品网站 UI 设计，使用极简主义设计风格，在界面的中间位置放置灯具产品图片、简单的标题文字及产品价格，几乎没有其他装饰内容，并且青色的灯具产品与界面背景的黄色形成色相对比，突出产品的表现，很好地聚集了浏览者的目光，主题一目了然。

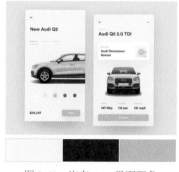

图 3-60　汽车 App 界面配色

图 3-61　灯具产品网站 UI 配色

3.4.3 添加鲜艳色彩表现出 UI 活力

在前面讲解的配色知识中，已经了解到使用色相环中的邻近色相或类似色相进行配色，能够使 UI 表现出统一性和协调性；使用互补色进行配色，能够表现出色相之间的强烈对比。在 UI 配色中，添加鲜艳的色相进行搭配，能够使 UI 表现出活力，有利于用户快速发现界面的重点，突出界面主题。

◆ **案例分析**

图 3-62 所示是一个闹钟 App 界面设计，使用低明度的灰蓝色作为界面的背景颜色，表现出稳定、可靠的印象。在左侧界面的设计中，深灰蓝色的背景上搭配暗浊色调的灰蓝色和棕色，主题内容与背景的对比较弱，界面整体给人一种灰暗、平淡、不清晰的印象。在右侧界面的设计中，主题信息部分使用了明艳色调的高饱和度蓝色和橙色进行配色，与背景的灰蓝色形成强烈的明度和饱和度对比，鲜艳色彩的加入使主题信息从界面中凸显出来，同时也使界面表现更富有活力。

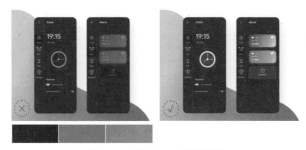

图 3-62 闹钟 App 界面配色

图 3-63 所示是一个红酒产品 App 界面设计，使用深灰蓝色作为界面的主题色，与白色相搭配，表现出稳重、大方的印象，为界面中的功能操作按钮和图标搭配高饱和度的红色，与灰蓝色形成色相、饱和度等多方面的对比，突出重点功能，使界面表现更具活力。

图 3-64 所示是一个耳机产品宣传网站 UI 设计，使用白色作为界面背景，搭配黑色文字和黑色的耳机产品，黑色产品与白色背景能够形成强烈的明度对比，表现效果清晰，但是无彩色的搭配会使界面表现沉闷。为耳机产品图片添加高饱和度的圆形黄色背景，既能突出产品的表现，又能使界面的表现更加活跃。

图 3-63 红酒产品 App 界面配色

图 3-64 耳机产品宣传网站 UI 配色

3.4.4　添加点缀色为 UI 带来亮点

当 UI 中的主题配色比较普通、不够显眼时，可以通过在其附近添加鲜艳的高饱和度色彩，为界面中的主题区域增添光彩，这就是 UI 中的点缀色。在 UI 设计中，对于已经确定好的配色，点缀色的加入能够使整体更加鲜明和充满活力。

点缀色的面积如果太大，就会在界面中提升为仅次于主题色的辅助色，从而打破了原来的界面配色。因此在 UI 配色过程中，添加色彩点缀的目的只是为了强调主题，但不能破坏界面的基础配色。使用小面积的点缀色，既能起到装点主题的作用，又不会破坏界面的整体配色印象。

◆　**案例分析**

图 3-65 所示是一个电子书 App 界面设计，使用白色作为界面背景颜色，搭配深蓝色的文字，使界面中的内容表现非常清晰、直观。为了避免界面表现过于单调，为界面中的功能操作按钮搭配高饱和度的黄色，不仅突出了重要功能表现，也使界面表现更有活力。

图 3-66 所示是一个产品宣传网站 UI 设计，使用黑色作为界面的背景主色调，搭配白色的文字和操作选项，黑与白形成强对比，使界面内容表现清晰、醒目。为 Logo 和主题文字的部分文字点缀高饱和度的红色，突出主题和品牌的表现，给人以大方、醒目的印象。

图 3-65　电子书 App 界面配色　　　　　　图 3-66　产品宣传网站 UI 配色

3.4.5　通过色彩明度对比表现出层次感

在所有的颜色中，白色的明度最高，黑色的明度最低。即使是纯色，不同的色相也具备不同的明度，如黄色的明度接近白色，而紫色的明度接近黑色。通过增加色彩明度对比的方法，可以使 UI 表现出层次感，主次更加分明，视觉冲击力更强，体现出生动感。

◆　**案例分析**

图 3-67 所示是一个金融 App 界面设计，使用蓝色作为界面的主题色，给人带来很强的科技感。在左侧的界面设计中，使用深蓝色作为界面背景颜色，界面中信息内容的颜色与背景的深蓝色明度接近，从而使界面整体表现过于昏暗，没有层次感，视觉效果较差。在右侧的

界面设计中，同样使用深蓝色作为界面的背景颜色，而界面中相关信息的背景颜色则使用了稍浅的蓝色背景，界面整体色调统一，但使用不同明度的蓝色进行搭配，使界面表现出色彩层次感，也使界面内容的表现非常清晰、直观。

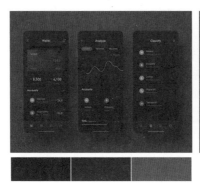

图 3-67　金融 App 界面配色

在 UI 配色设计过程中，可以通过无彩色和有彩色的明度对比来凸显主题，例如，UI 背景的色彩比较丰富，主题内容是无彩色的白色，可以通过降低界面背景明度来凸显主题色；相反，如果提高背景的色彩明度，则要降低主题色彩的明度，只要增强明度差异，就能提高主题色彩的强势地位。

◆　**案例分析**

图 3-68 所示是一个时尚女鞋 App 界面设计，使用低明度的深灰蓝色作为界面背景颜色，表现出稳重而富有现代感的印象，而界面中的产品图片都使用了白色背景，从而与界面背景形成强烈的明度对比，有效突出产品的表现效果。

图 3-69 所示是一个手机产品宣传网站 UI 设计，手机产品本身的外壳和屏幕都是高饱和度的鲜艳色彩，所以网站的界面背景使用了低明度的深蓝色，与手机产品形成强烈的明度和饱和度对比，使手机产品的表现更加突出，整体给人以时尚、富有现代感的印象。

图 3-68　时尚女鞋 App 界面配色　　　　图 3-69　手机产品宣传网站 UI 配色

3.4.6　抑制辅助色或背景

大部分 UI 设计都会使用比较鲜艳的色彩来表现界面的主题，因为鲜艳的色彩在视觉上会占据有利地位。但是也有一些界面的主题色是比较素雅的色彩，在这种情况下，就需要对主题色以外的辅助色或背景色稍加控制，否则就会造成 UI 的主题不够清晰、明确。

当所设计的 UI 的主题色彩偏于柔和、素雅时，界面背景颜色在选择上要尽量避免纯色和暗色，可以选择使用淡色调或浊色调，防止背景颜色过分艳丽而导致界面主题不够突出，整体风格发生变化。总的来说，抑制辅助色或背景色有利于使界面主题色表现得更加醒目。

◆　**案例分析**

图 3-70 所示是一个女士香水 App 界面设计，为了表现出该香水产品典雅、高贵的气质，在界面设计中使用中等饱和度的棕色作为界面主题色，给人一种优雅的印象，而界面背景则使用了高明度的浅灰粉色，既保持了界面整体色调的统一，又能够有效突出界面主题的表现。

图 3-71 所示是一个冰淇淋美食网站 UI 设计，使用高明度的浅灰色作为界面背景颜色，在界面中搭配中等饱和度色彩的冰淇淋产品图像，界面整体色调表现柔和、美好，并且浅色的背景可以更好地突出产品的表现。界面中的其他内容分别搭配了浊色调的背景，使整个界面保持了柔和的整体印象。

图 3-70　女士香水 App 界面配色　　　　图 3-71　冰淇淋美食网站 UI 配色

3.5　高饱和度色彩搭配技巧

近年来，在 UI 设计中可以发现大量鲜艳的色彩和不同的渐变效果，而这些产品的类型横跨主打趣味性、娱乐性的应用和相对严肃的功能性、商业性的产品。通过在 UI 设计中使用鲜艳的配色方案，能够有效提升 UI 的视觉效果。

3.5.1　使 UI 内容更易读

在选择 UI 的配色方案时需要考虑诸多因素，其中界面内容的可读性和易读性是选择配色时需要考虑的基本因素。可读性是指用户在阅读界面内容时的难易程度，易读性则涉及文字内容之间的区分程度。

鲜艳的色彩能够为界面元素提供足够好的对比度，有助于提升界面的可读性和易读性，使 UI 中的各个元素之间的区分更加明显。但是高对比度并不一定总是有效，如果文本和背景之间的对比度过大，可能会产生晕影，从而导致难于阅读。这也是为什么需要创造出相对温和、恰当的对比度，而高对比度在凸显展示性元素时是一个不错的选择。

◆ **案例分析**

图 3-72 所示是一个灯具产品 App 界面设计，使用高饱和度的橙色作为界面的主题色，橙色是暖色系色彩，能够给人带来温暖、活力的印象。在界面中使用橙色与白色进行搭配，强烈的对比很好地划分了不同的内容区域，使界面内容一目了然，具有很好的可读性和易读性。加入其他高饱和度色彩的点缀，界面表现非常时尚，富有现代感。

图 3-73 所示是一个耳机宣传网站 UI 设计，使用高饱和度的蓝色到青色渐变颜色作为界面的背景颜色，与该产品的颜色形成呼应，界面左侧放置相应的产品介绍文字内容，右侧为产品图片，版面表现简洁、直观。在蓝色渐变背景上搭配白色的文字，形成柔和、明亮的对比效果，使文字内容非常清晰、易读。耳机产品本身就采用了红色与蓝色的对比配色，在界面中的表现效果非常突出。

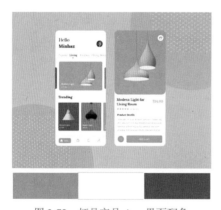 

图 3-72　灯具产品 App 界面配色　　　　图 3-73　耳机宣传网站 UI 配色

3.5.2　为交互元素应用鲜艳色彩

视觉层次几乎是所有的产品 UI 设计中创造导航和交互元素的核心。UI 界面中的各种元素都需要用层次分明的方式组织起来，用户的大脑才能通过层次所营造的差异区分对象，明白优先级。

色彩是有层次的，但是这种层次被如何理解，则与用户的思维有关。红色和橙色是大胆鲜亮的色彩，乳白色和黄色是柔和的色彩，鲜亮的色彩更容易被注意到，所以设计师会使用它们来表现 UI 中需要突出显示的元素。将同一种色彩运用在界面中的不同元素上时，相同的色彩会使它们产生重要性或者功能上的关联。

◆ **案例分析**

图 3-74 所示是一个交友 App 界面设计，使用高明度的浅蓝色作为界面的背景颜色，使界面表现出柔和、明亮、清爽的视觉印象，使用中等饱和度的蓝色作为界面的主题色，包括界面的侧边导航菜单也使用了中等饱和度的蓝色背景，当显示导航菜单时，其背景色具有明显的优先级，有效吸引用户的目光。

图 3-75 所示是一个披萨美食 App 界面设计，使用白色作为界面的背景颜色，有效突出界面中披萨食品色彩的表现，将用户的目光都吸引到美食产品上。使用高饱和度的橙色来表现界面中的所选择尺寸规格、辣味程度及购买按钮等选项，既突出了相关功能选项的表现效果，同时也使这些选项之间产生相应的关联。

图 3-74　交友 App 界面配色

图 3-75　披萨美食 App 界面配色

3.5.3　鲜艳的色彩更易被识别

大脑对于鲜艳、大胆的色彩反映强烈，这也是为什么鲜艳的色彩更容易被记住。在UI 设计中，加入鲜艳色彩配色的 UI 更容易脱颖而出。不过，通常而言，即便如此，色彩的选取也要基于目标受众和市场调研。

如果一个企业的 Logo、产品和网站都使用了高度统一的配色，那么这在一定程度上将品牌的识别度最大化了。在这种情况下，设计师可以借助高度一致的可视化解决方案来提升品牌的知名度。

◆ **案例分析**

图 3-76 所示是一个宠物 App 界面设计，使用白色作为界面的背景颜色，有效突出了界面中信息内容的表现，在界面设计中使用多种高饱和度色彩进行装饰，使界面表现更加活跃。界面中不同的功能操作按钮分别使用了不同的高饱和度色彩进行搭配，有效区分不同的功能，并且非常易于区分和操作。

图 3-77 所示是一个百事系列产品的网站 UI 设计，运用了该企业的标准色——蓝色作为界面的主题色，传达出与企业品牌形象一致的印象，并且有效地与其竞争对手表现出完全不同的色彩印象，实现品牌的差异化。蓝色是一种容易令人产生退想的色彩，容易使人联想到大海和蓝天，给人一种舒适、清爽的感受。

图 3-76　宠物 App 界面配色

图 3-77　百事系列产品的网站 UI 配色

3.5.4　营造氛围，传递情绪

色彩会影响人的情绪，并且能够营造氛围。大脑对于不同的色彩有着不同的反映，但是人们通常都不会注意到这些反应。色彩心理学的研究表明，人们的眼睛感知到一种色彩时，大脑会向内分泌系统释放对应的激素，刺激不同的情绪转变。

选择正确的色彩有助于让用户处于正确的情绪当中，传递正确的信息。例如，如果想要创建自然或园艺相关的产品 UI，使用绿色或者蓝色的配色能够很好地匹配这一主题，传递相应的感觉。

◆　**案例分析**

图 3-78 所示是一个旅行酒店 App 界面设计，使用高饱和度的蓝色作为界面的主题色，在界面中搭配白色，使界面表现出蓝天、白云般的清爽与自然感受，特别符合旅行酒店主题，表现出出行带给人们的悠闲与舒适。

图 3-79 所示是一个灯饰 App 界面设计，使用高饱和度的黄色作为界面的主题色。黄色能够给人带来温暖、明亮的感觉，与灯具产品带给人们的感受相同，在界面中点缀高饱和度的橙色按钮，整个界面表现出明亮的暖色调，给人以温暖、舒适的印象。

图 3-78　旅行酒店 App 界面配色

图 3-79　灯饰 App 界面配色

3.5.5　UI 表现更加时尚

明亮鲜艳的高饱和度色彩和渐变色在 UI 设计领域是最流行的趋势。现在越来越多的移动应用和网站 UI 开始使用这样的配色来吸引用户，尽管竞争非常激烈，但是确实很好地吸引了用户的注意力。

◆ **案例分析**

图 3-80 所示是一个闹钟 App 界面设计，提供了两种配色方案，一种是使用白色作为界面背景颜色，另一种是使用接近黑色的深灰色作为背景颜色，而这两种配色方案中都使用了高饱和度的紫色作为主题颜色，并且界面中间的时钟图形还采用了洋红色到蓝紫色的渐变颜色设计，使界面表现出强烈的现代感与时尚感。

图 3-81 所示是一个培训学校网站 UI 设计，使用白色作为界面的背景颜色，在界面中搭配多种高饱和度的鲜艳色彩，并且这些高饱和度的鲜艳色彩以几何图形的方式表现，使界面表现出年轻、朝气、富有活力的印象，能够很好地吸引用户的关注。

图 3-80　闹钟 App 界面配色

图 3-81　培训学校网站 UI 配色

3.6　课堂操作——电影票预订 App 配色设计

视频：视频 \ 第 3 章 \ 3-6.mp4　　　　　源文件：源文件 \ 第 3 章 \ 3-6.xd

◆ **案例分析**

本案例是一个电影票预订 App 配色设计，最终效果如图 3-82 所示。

图 3-82　电影票预订 App 配色设计

　　背景色：白色、黑色。在电影详情界面中使用白色作为界面背景颜色，在界面中搭配深灰色的影片介绍文字内容，使文字内容更易读。在电影选座界面中使用黑色作为界面的背景颜色，模拟出影院的环境，对用户具有很好的代入感。

　　主题色：橙色。使用高饱和度的橙色作为界面的主题色，不仅使界面整体气氛更加活跃，而且能够有效突出界面中重点信息和功能操作按钮的表现，引导用户操作。

　　辅助色：灰色。在界面中加入灰色进行搭配，有效区别不同的选项，使界面的视觉表现更具有层次感。

◆　**制作步骤**

Step01 启动 Adobe XD，新建一个 iPhone X/XS/11 Pro 屏幕尺寸大小的文档，修改画板名称。使用"矩形"工具，在画板中绘制一个 375px×435px 的矩形，设置该矩形的"填充"为黑色，"边界"为无，如图 3-83 所示。双击刚绘制的矩形，进入路径编辑状态，将右下角的锚点向上移动，效果如图 3-84 所示。

图 3-83　绘制矩形并设置属性

图 3-84　移动锚点

Step02 将素材图像 3601.jpg 拖入刚绘制的矩形，调整到合适的大小和位置，效果如图 3-85 所示。打开"素材 36.xd"文件，将状态栏和相应的图标分别复制到当前画板中，效果如图 3-86 所示。

图 3-85　拖入素材图像

图 3-86　将图标复制到画板

Step03 使用"矩形"工具，在画板中绘制一个 420px×4px 的矩形，设置该圆形的"边界"为无，"填充"为线性渐变，对渐变颜色进行设置，如图 3-87 所示。为矩形填充线性渐变，并将该矩形进行适当旋转，调整至合适的位置，效果如图 3-88 所示。

图 3-87　绘制矩形并设置属性

图 3-88　填充渐变

Step04 按住 Alt 键拖动刚绘制的矩形，复制并向下移动矩形，效果如图 3-89 所示。使用相同的制作方法，绘制矩形并对矩形路径进行变形处理，拖入素材图像放置在矩形中，效果如图 3-90 所示。

图 3-89　复制矩形

图 3-90　绘制矩形并拖入素材图像

Step05 使用"椭圆"工具，在画板中绘制一个 97px×97px 的圆形，设置该圆形的"填充"为 #F76E04，"边界"为无，"阴影"为 16% 的黑色，对相关选项进行设置，效果如图 3-91 所示。打开"素材 36.xd"文件，将心形图标复制到当前画板中，效果如图 3-92 所示。

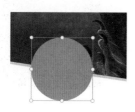

图 3-91　绘制圆形并设置属性

图 3-92　复制图标到画板中

Step06 使用"矩形"工具，在画板中绘制一个 96px×24px 的矩形，设置该矩形的"填充"为 #F2F2F2，"边界"为无，"圆角半径"为 12，效果如图 3-93 所示。复制心形图标，修改"填充"为 #E64C3C，调整到合适的大小和位置，输入相应的文字，效果如图 3-94 所示。

图 3-93　绘制矩形并设置属性　　　　　　　图 3-94　复制心形图标并输入文字

Step 07 使用相同的制作方法，在画板中输入相应的文字，效果如图 3-95 所示。选中画板，按住 Alt 键不放拖动鼠标复制画板，在画板名称位置双击修改画板名称，修改画板的"填充"为黑色，对复制得到的画板中的内容进行调整，效果如图 3-96 所示。

图 3-95　输入其他文字　　　　　　　　　图 3-96　复制画板并进行调整

Step 08 使用"文本"工具在画板中单击输入文字，设置文字的"填充"为白色，效果如图 3-97 所示。使用"矩形"工具，在画板中绘制一个 60px×25px 的矩形，设置该矩形的"填充"为无，"边界"为 #707070，"描边宽度"为 1，"圆角半径"为 13，效果如图 3-98 所示。

图 3-97　输入文字　　　　　　　　　　图 3-98　绘制矩形并设置属性

Step 09 使用相同的制作方法，可以完成相似内容的制作，效果如图 3-99 所示。使用"矩形"工具，在画板中绘制一个 18px×18px 的矩形，设置该矩形的"填充"为 #3E3E3E，"边界"为无，"圆角半径"为 5，效果如图 3-100 所示。

Step 10 将刚绘制的圆角矩形复制多次，进行排列，不同的座位状态使用不同的颜色进行表现，效果如图 3-101 所示。

使用相同的制作方法，可以完成界面底部按钮的制作，效果如图 3-102 所示。

图 3-99　制作其他内容

图 3-100　绘制圆角矩形并设置属性

图 3-101　复制圆角矩形

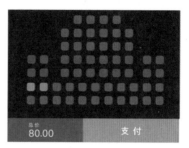

图 3-102　制作底部按钮

至此，完成该电影票预订 App 配色设计，最终效果如图 3-103 所示。

图 3-103　电影票预订 App 最终效果

3.7　拓展知识——UI 使用深色背景时需要注意的问题

要想使用深暗的色彩作为 UI 的背景颜色，如果没有合理规划细节，用户容易在界面中迷失。下面向大家介绍使用深色作为 UI 背景时需要注意的一些问题。

1. 避免使用纯黑色背景

UI 的背景颜色尽量避免使用纯黑色背景，因为纯黑色的界面背景会让人感觉压抑、沉闷，更不要在纯黑色的背景上搭配纯白色的文字，因为这种对比太强烈，界面表现特别刺眼，很容易使人产生视觉疲劳。可以使用带有微渐变的背景颜色或者具有一定色彩倾向的深色系作为 UI 的背景颜色，这样会让人感觉更透气。

2. 搭配浅色系文字

纯黑色背景搭配白色文字容易使人产生视觉残影，且高对比度的文字容易让阅读障碍人群更难阅读。因此在使用深色背景作为 UI 背景时，文字的最佳选择是白色或者浅灰色等浅色系，从而避免纯黑色与纯白色文字之间的对比度过高。

3. 避免使用过细的字体

在深色背景上，过细的字体会让人更难阅读。

4. 图形的搭配

深色本身就带有"酷"和"冷"的气质，如果再搭配上尖锐、硬朗的直角型设计，会更加强化这种印象。而如果配合圆角造型，就会在一定程度上中和一部分黑色带来的"冷"感，增加产品的亲和力和友好度。

5. 界面内容的层次关系

在浅色背景的 UI 设计中，通常使用投影来表现界面中各元素之间的层级关系。但是如果使用深色作为 UI 的背景颜色，为界面中的元素添加投影效果并不是很明显，这也是为什么很多深色背景界面的视觉效果都非常扁平化的原因。那么在深色背景的 UI 设计中如何体现层级关系呢？可以通过下面的案例分析来进行理解。

◆ **案例分析**

图 3-104 所示是一个智能家居管理 App 界面设计，使用低明度、低饱和度的深灰蓝色作为界面的背景颜色，在界面设计中使用了卡片的形式实现了信息聚合和层级划分，卡片的颜色比界面背景颜色明度稍高，让人感觉更加靠前，给人一种可点击的感觉。

图 3-105 所示是另一个智能家居管理 App 界面设计，使用低明度、低饱和度的深灰蓝色作为界面的背景颜色，界面中卡片颜色使用了比界面背景更深的深蓝色，有一种被"按下"的感觉，但是 banner 图片使用了同样的深蓝色设计，使界面中的 banner 图片与卡片之间的层级关系并不是那么明确。

图 3-104　智能家居管理 App 界面配色 1

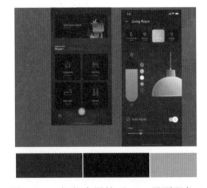

图 3-105　智能家居管理 App 界面配色 2

3.8 本章小结

配色方案并不是依靠自身的感觉搭配出来的，这样做很容易使配色出现问题。要想使 UI 表现出协调的配色效果，掌握色彩的运用规律、配色知识和技巧非常重要。完成本章内容的学习，读者需要理解并掌握 UI 配色的相关技巧，并能够在 UI 配色设计中进行灵活运用。

3.9 课后测试

完成本章内容学习后，接下来通过几道课后习题，检测一下读者对本章内容的学习效果，同时加深对所学知识的理解。

一、选择题

1. 色彩中最为被动的颜色是（　　　），属于中性色，有很强的调和对比作用。

　　A. 橙色　　　　　　B. 灰色　　　　　　C. 黑色　　　　　　D. 白色

2. 黄色是光明的象征，是所有色彩中光辉最强、最刺眼的色彩，在有彩色中（　　　）最高。

　　A. 纯度　　　　　　B. 饱和度　　　　　C. 明度　　　　　　D. 膨胀度

3. 看见红色，使人联想到火、太阳，这是色彩的（　　　）。

　　A. 具象联想　　　　B. 情感联想　　　　C. 抽象联想　　　　D. 象征性

4. 绿色观感舒适、温和，常使人联想到森林、草地。下列选项中属于绿色象征的是（　　　）。

　　A. 丰收　　　　　　B. 灿烂　　　　　　C. 忧郁　　　　　　D. 和平

5. 在 UI 配色中以强烈的高饱和度鲜艳色彩作为大面积主题色，以小面积、中低饱和度色彩作为对比色进行搭配，该 UI 表现出的色调类型属于（　　　）。

　　A. 浅淡色调　　　　B. 深暗色调　　　　C. 鲜艳色调　　　　D. 灰色调

二、填空题

1. 色彩的＿＿＿＿＿＿能够体现色彩的轻重感。

2. 色彩属性对华丽及质朴感有一定程度的影响，其中与色彩＿＿＿＿＿＿＿＿关系最大。

3. ＿＿＿＿＿＿是具有重量感的颜色，它具有稳定的作用，在任何复杂的配色设计中，只要加入＿＿＿＿＿＿进行调和，就能够使画面有重心感和秩序感，使画面稳定下来。

4. ＿＿＿＿＿＿是比白色更柔和的调和色，它能够与任何色彩搭配使用。

5. 在 UI 的配色中，为了突出界面的主要内容和主题，提高主题区域的＿＿＿＿＿＿＿＿＿＿ 是最有效的方法。

三、操作题

根据本章所学习的 UI 配色知识，完成一个儿童知识 App 界面的配色设计，具体要求和规范如下。

（1）内容 / 题材 / 形式：儿童知识 App 配色设计。

（2）设计要求：在 Adobe XD 中完成儿童知识 App 界面的配色设计，使用高饱和度鲜艳色彩进行配色设计，需要符合儿童的年龄特点。

第4章 / 网站 UI 配色设计

网站给用户留下的第一印象，既不是丰富的内容，也不是合理的版面布局，而是网站的色彩。色彩的视觉效果非常明显，一个网站设计成功与否，在某种程度上取决于设计师对色彩的运用和搭配。本章将向读者介绍有关网站 UI 设计配色的相关知识。

4.1 网站 UI 元素配色

网站 UI 中的几个关键要素，如网站 Logo、广告、导航菜单、背景与文字，以及链接文字等，在界面中如何对这些元素的颜色进行协调，是进行网站 UI 配色时需要认真考虑的问题。

4.1.1 Logo 与网站广告

Logo 和网站广告是宣传网站最重要的工具，所以这两个部分一定要在网站 UI 中脱颖而出。要做到这一点，可以从色彩方面进行处理，将 Logo 与广告的色彩与网站 UI 的主题色分离开来。有时为了更突出表现界面中的 Logo 与网站广告，还可以使用与主题色互补的色彩作为 Logo 和网站广告的色彩。

◆ **案例分析**

图 4-1 所示是一个汽车宣传网站 UI 设计，使用汽车图片作为该界面的满屏背景，而该汽车图片整体呈现灰暗的浊色调，给人一种低调、沉稳的印象。界面左上角的网站 Logo 及界面中间位置的按钮则使用了高饱和度的红色，为灰暗的界面注入热情与活力，也有效突出了网页中 Logo 与按钮的表现效果。

图 4-2 所示是一个电动车产品宣传网站 UI 设计，使用蓝色作为界面的主题色，在界面背景中与白色相结合，对界面背景进行倾斜分割，在界面中心位置放置产品图像，表现效果非常突出，在界面顶部的中心位置放置白色的 Logo，与背景的灰蓝色形成很好的对比。视觉表现突出，界面整体给人一种灵动、富有科技感的印象。

图 4-1 汽车宣传网站 UI 配色　　　　　图 4-2 电动车产品宣传网站 UI 配色

4.1.2　导航菜单

导航菜单是网站 UI 设计中重要的视觉元素，它的主要功能是更好地帮助用户访问网站内容。一个优秀的导航菜单，应该从用户的角度去进行设计。导航菜单设计的合理与否将直接影响用户使用时是否舒适，在不同的网站 UI 中使用不同的导航形式，既要注重突出表现导航，又要注重整个界面的协调性。

网站导航菜单可以使用稍微具有跳跃性的色彩，吸引浏览者的视线，让浏览者感觉网站结构清晰、明了、层次分明。

◆　案例分析

图 4-3 所示是一个电商网站 UI 设计，通过色彩对比的方法来突出相应内容的表现。导航菜单使用高饱和度的黄色作为背景颜色，导航菜单下方的宣传广告使用高饱和度的紫色作为背景颜色，黄色与紫色属于互补色，形成强烈的对比效果，有效突出了导航菜单与宣传广告的视觉表现效果，同时也使网站 UI 的表现更加富有活力。

图 4-4 所示是一个咖啡饮品网站 UI 设计，使用浅棕色作为界面的主题色，表现出咖啡给人带来的温暖与醇香感受。在网站 UI 中采用垂直导航，将垂直导航放置在界面的左侧部分，并通过黑色背景色块来突出导航菜单的表现，导航菜单结构清晰，非常便于识别和操作。

图 4-3　电商网站 UI 配色　　　　　　　　　图 4-4　咖啡饮品网站 UI 配色

4.1.3　背景与文字

如果网站 UI 使用了背景颜色，则必须考虑背景颜色与文字的搭配问题。网站 UI 需要拥有良好的可读性和易读性，所以背景颜色可以选择纯度或者明度较低的色彩，文字则使用较为突出的亮色，让人一目了然。

艺术性的网页文字设计可以更加充分地利用这一优势，以个性鲜明的文字色彩突出表现网站的整体设计风格，或清淡高雅，或前卫现代，或宁静悠远。总之，只要把握住文字的色彩和网页的整体基调、风格相一致，局部中有对比，对比中又不失协调，就能够自由地表达出不同网页的个性特点。

◆ **案例分析**

图 4-5 所示是一个健身运动网站 UI 设计，使用深灰色作为界面的背景颜色，表现出坚实、有力的印象。在界面中搭配白色文字，与深灰色的背景形成对比，文字的视觉表现效果清晰、直观，主题文字则使用了高饱和度的橙色，并且使用了大号加粗字体，表现效果突出，橙色的加入使界面更具有动感。

图 4-6 所示是一个科技活动网站 UI 设计，使用高饱和度的深蓝色作为界面背景颜色，体现出科技感。界面中的主题文字则采用了与背景形成强烈对比的白色，并且主题文字本身也采用了白色与黄色等多种高饱和度色彩的处理方式，主题非常突出。

图 4-5 健身运动网站 UI 配色

图 4-6 科技活动网站 UI 配色

4.1.4 链接文字

一个网站不可能只有一个界面，所以文字与图片的链接是网站中不可缺少的一部分。现代人的生活节奏非常快，不会浪费太多的时间去寻找网站的链接。因此，要设置独特的链接颜色，让人感觉到它的与众不同，自然而然地去单击。

这里特别强调文字链接，因为文字链接区别于叙述性的文字，所以文字链接的颜色不能和其他文字的颜色一样。

突出网站 UI 中链接文字的方法主要有两种，一种是当鼠标指针移至链接文字上时，链接文字改变颜色；另一种是当鼠标指针移至链接文字上时，链接文字的背景颜色发生改变，从而突出显示链接文字。

◆ **案例分析**

图 4-7 所示是一个设计企业网站 UI 设计，将文字链接设计成简约的线框按钮形式，吸引用户进行点击操作，当用户将鼠标指针移至该按钮形式的链接文字上方时，原来的透明线框链接文字变成红色背景白色加粗文字的样式，在无彩色的界面中表现非常突出，有效突出了重点操作链接的表现效果。

图 4-8 所示是一个卡通网站 UI 设计，使用中等饱和度的浅棕色作为界面的主题色，在界面中搭配多种 3D 插画素材，界面视觉表现效果非常有个性。在界面左侧以深咖啡色背景突出导航链接文字的表现，并且当鼠标移至菜单链接文字上方时，会在该链接文字的下方显示浅棕色的圆角矩形背景，与其他菜单链接文字相区别。

图 4-7 设计企业网站 UI 配色

图 4-8 卡通网站 UI 配色

4.2 打造成功的网站 UI 配色

配色要遵循色彩的基本原理，符合一定规律的色彩才能够打动人心，给人留下深刻印象。在网站 UI 配色设计过程中，通过对色彩属性进行调整，会改变网站 UI 整体的配色效果。本节将介绍打造成功的网站 UI 配色的方法。

4.2.1 遵循色彩的基本原理

各种不同类型的网站 UI 设计在色彩的选择上应考虑浏览者的年龄和性别差异，从色彩的基本原理出发，进行有针对性的色彩搭配。当色彩的选择与浏览者的感觉一致时，就会增强认同感，提高网站的访问量；当色彩产生的感受与浏览者的心理感受不同时，就会产生隔阂，甚至是厌恶，网站就会变得不受欢迎。

除此之外，色彩的面积比例和色彩的数量等因素也对配色有着重要影响。

◆ 案例分析

图 4-9 所示是一个滑雪旅游宣传网站 UI 设计，使用雪山风景图片作为网站 UI 的背景，结合滑雪人物素材，很好地表现出网站 UI 的主题，使用蓝色和青绿色进行搭配，这两种色彩都属于冷色系色彩，与界面的背景图片相符，使网站 UI 整体表现出一种自然、清爽的感觉。

图 4-10 所示是一个餐饮美食网站 UI 设计，使用浅灰色作为界面的背景颜色，在界面中搭配高饱和度的鲜艳红色，使界面表现出热情、欢乐、大方的印象。在界面中的局部点缀绿色的蔬菜素材，绿色与红色形成强烈对比，使界面的视觉表现效果更加突出、活跃。

图 4-9 滑雪旅游宣传网站 UI 配色

图 4-10 餐饮美食网站 UI 配色

4.2.2 灵活应用配色技巧

虽然在网站 UI 配色时多种色彩的搭配能让人产生愉悦感，但是人的眼睛和记忆只能存储 2～3 种颜色，过多的色彩可能会使页面显得较为复杂、分散。相反，越少的色彩搭配让人在视觉上产生良好印象，也便于设计者合理搭配，更容易让人们接受。

所以在进行网站 UI 配色时，所使用的色彩最好不要超过 3 种，确定一种主题色，在对其他辅助色进行选择时，需要考虑其他颜色与主题色的关系，这样才能使网站 UI 的色彩搭配更加和谐、美观。可以通过调整主题色的明度和饱和度，从而产生不同的新色彩，使用在网页的不同位置，这样既可以使页面色彩统一，又具有层次感。

◆ **案例分析**

图 4-11 所示是一个皮具产品宣传网站 UI 设计，使用不同明度和饱和度的棕色纹理素材相结合作为网站 UI 的背景，使界面表现出很强的质感，并且与该企业所生产的皮质产品形成良好的呼应，表现出产品的质感。

图 4-12 所示是一个运动鞋网站 UI 设计，使用高饱和度的蓝色作为界面的主题色，与白色相结合作为网站 UI 的背景，表现出很强的视觉对比效果。在界面中的局部点缀高饱和度的红色与黄色，从而使网站 UI 色彩表现更加丰富，体现出时尚与个性的风格。

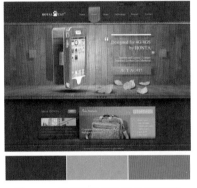 

图 4-11　皮具产品宣传网站 UI 配色　　　　图 4-12　运动鞋网站 UI 配色

确定了网站 UI 的主题色之后，还可以选择主题色的对比色，用于在网站 UI 中与主题色进行对比搭配，形成视觉上的差异，丰富整个界面色彩。另外，黑色、白色和灰色 3 种颜色可以与任何一种颜色进行搭配，且不会让人感到突兀，能使画面更加和谐。

◆ **案例分析**

图 4-13 所示是一个电影宣传网站 UI 设计，选择电影人物服装的配色作为该网站 UI 背景的配色，高饱和度的蓝色与橙色相搭配，表现出强烈的对比冲突。将电影主角人物放置在界面的中心位置，给浏览者带来强烈的感官视觉刺激，引起浏览者的好奇心。

图 4-14 所示是一个汽车宣传网站 UI 设计，使用黑色作为界面的背景颜色，给人一种稳重、大气、质感的印象。在界面中搭配同样黑色的汽车产品，加入高饱和度的红色烟雾设计，使网站 UI 的表现更加热血、激情。

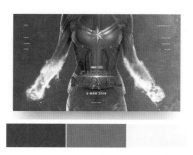

图 4-13　电影宣传网站 UI 配色　　　　　图 4-14　汽车宣传网站 UI 配色

提示　对网站 UI 进行配色设计时，使用的色彩最好不要超过 3 种。过多使用色彩会造成界面混乱，让人觉得没有侧重点。

4.2.3　无彩色界面点缀鲜艳色彩

无彩色系的色彩虽然没有彩色系那样光彩夺目，却有着彩色系无法替代和比拟的重要作用，在设计中，它们能使画面更加丰富多彩。

点缀色是指界面中较小的一处面积颜色，通常用来打破单调的界面整体效果。因此如果选择与背景色过于接近的点缀色，就不会产生理想效果。为了营造出生动的界面空间氛围，点缀色应选择比较鲜艳的颜色。

◆　**案例分析**

图 4-15 所示是一个自行车产品宣传网站 UI 设计，使用纯白色作为网站 UI 的背景颜色，在界面中搭配黄色的自行车产品，并为界面中的标题文字和重要功能操作按钮搭配高饱和度的黄色，使界面的表现非常明亮、富有活力。

图 4-16 所示是一个乐队网站 UI 设计，使用深灰色作为界面的背景主色调，在界面中搭配白色的文字，背景中的图像素材也经过了去色处理，界面整体的无彩色配色表现出个性与艺术感。为界面中功能操作按钮和个别文字搭配高饱和度的红色，虽然亮红色的点缀在界面中只占据很小面积，但是人们第一眼就能够注意到它，表现效果非常突出。

图 4-15　自行车产品宣传网站 UI 配色　　　　图 4-16　乐队网站 UI 配色

提示 在不同的界面位置上，对于点缀色而言，其他颜色都可能是界面点缀色的背景。在网站 UI 中，点缀色的应用不在于面积大小，面积越小，色彩越强，点缀色的效果才会越突出。

4.2.4 保持与产品色彩统一的配色设计

在实际的网站 UI 配色中，除了可以使用点缀鲜艳色彩增强对比效果来突出重点信息，还可以选择产品的主色调作为该网站 UI 的主题色，从而使色彩彼此融合，使界面配色更加稳定。使用类似色进行搭配可以产生稳定、和谐、统一的效果。

◆ **案例分析**

图 4-17 所示是一个汽车宣传网站 UI 设计，使用与该汽车产品颜色相同的深灰蓝色作为界面的主题色，体现出理性与科技感。在界面中点缀高明度的青色，突出产品和主题文字的表现，界面整体色调统一，整体给人一种低调、奢华、科技感的印象。

图 4-18 所示是一个牛奶饮品宣传网站 UI 设计，使用了该牛奶产品包装设计的配色方案，使用高饱和度的蓝色作为网站 UI 的背景颜色，表现出产品的纯净感，局部点缀红色，突出品牌 Logo 和重要选项的表现，界面简洁，视觉效果突出。

图 4-17 汽车宣传网站 UI 配色

图 4-18 牛奶饮品宣传网站 UI 配色

4.2.5 避免混乱的配色

在对网站 UI 进行配色设计时，可以考虑使用多种鲜艳的色彩使界面充满活力，但同时也要注意，在网站 UI 中使用多种鲜艳的色彩进行搭配容易使界面表现混乱。

在网站 UI 配色设计过程中，色相过多会导致界面活力过强，有时会破坏网站 UI 的配色效果，使界面表现混乱。可以将色相、明度和饱和度的差异缩小，彼此靠近，就能避免出现混乱的配色效果，如图 4-19 所示。在沉闷的配色环境下可以增添配色的活力；在繁杂的环境下使用统一、相近的配色，这是进行配色时的两个主要方向。

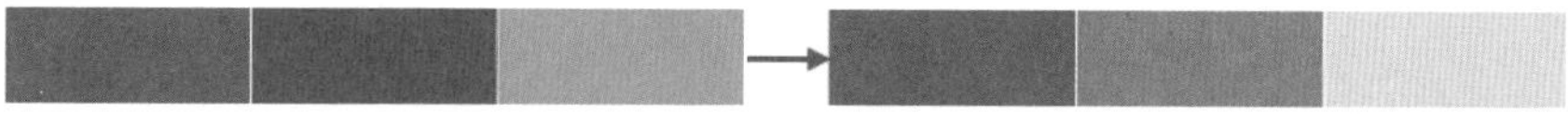

使用过多高饱和度的色相进行搭配，容易导致混乱，给人一种杂乱、喧闹的印象

首先确定一种主色调，然后根据主色调的色相，减弱可以收敛的辅助色，使辅助色不至于喧宾夺主

图 4-19　网站 UI 配色的优化调整

1. 使用近似色搭配

不同色相的颜色进行搭配时，能够营造出活泼、喧闹的氛围。在实际网站 UI 配色设计过程中，如果色彩感觉过于凸显或喧闹，可以减小色相差，使用近似色进行搭配，从而使色彩彼此融合，使网站 UI 配色更加稳定。

◆　**案例分析**

图 4-20 所示是一个纯净水产品宣传网站 UI 设计，使用了该产品包装的蓝色作为网站 UI 主题色，蓝色能够给人以清爽、自然的感觉，界面顶部的蓝色导航背景与底部的蓝色背景相呼应，中间使用浅灰色背景，表现出产品的纯净感。网站 UI 整体配色与产品的形象相统一，给人一种统一的视觉形象。

图 4-21 所示是一个汽车宣传网站 UI 设计，使用低明度的深蓝色作为网站 UI 的背景颜色，表现出稳重、低调、理性的印象。在界面中搭配白色文字，与深蓝色的背景形成对比，视觉效果清晰，在界面中的局部点缀高饱和度的紫色，紫色与蓝色为相邻色，使界面表现出神秘与高雅感。

图 4-20　纯净水产品宣传网站 UI 配色

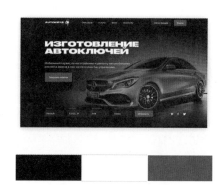

图 4-21　汽车宣传网站 UI 配色

2. 统一色彩明度和饱和度

在网站 UI 配色设计中，如果配色本身的色相差过大，但又想让网站 UI 传达一种平静、安定的感觉，可以试着使用统一明度和饱和度的色彩进行搭配，这样可以在维持原有风格的同时，得到比较安定的配色印象。

◆　**案例分析**

图 4-22 所示是一个企业宣传网站 UI 设计，使用蓝紫色作为界面的主题色，与白色背景相搭配，在界面中很好地划分出不同的内容区域，并且蓝紫色能够给人一种理性与智慧的印

象，在界面局部点缀相同饱和度的绿色，使网站 UI 的表现多一份自然感与亲切感。

图 4-23 所示是一个运动品牌服饰网站 UI 设计，使用高明度的浅蓝色作为网站 UI 的背景颜色，使界面表现明亮、清爽。在界面中搭配蓝色、橙色和紫色等多种高饱和度色彩几何形状图形，表现出很强的运动感，界面中的蓝色、橙色和紫色都保持了相似的明度和饱和度，所以虽然使用了多种色彩，但依然不会使界面表面混乱。

图 4-22　企业宣传网站 UI 配色

图 4-23　运动品牌服饰网站 UI 配色

3. 颜色的色彩层次

在网站 UI 配色设计中，虽然常常使用少量的色彩进行搭配设计，但是可以通过对色彩层次进行处理，使画面的表现更具有层次感，不至于太平淡。

◆　**案例分析**

图 4-24 所示是一个汽车宣传网站 UI 设计，使用蓝色作为界面的主题色，与汽车产品的色彩保持统一，整体给人和谐统一的印象。为了使界面不过于单调，在界面中通过变化蓝色的明度，从而实现明度对比，有效突出界面中心位置的主题。对该网站 UI 进行简单的处理，可以很容易地看出画面中的色彩层次，从界面中提取出不同明度的 8 种蓝色调，即表示该色调具有 8 个层次，正是因为这样的色彩层次处理，才使整个画面看起来不过于单调，富有色彩层次感。

图 4-24　汽车宣传网站 UI 配色

4.3 课堂操作——耳机产品宣传网站 UI 配色设计

视频：视频 \ 第 4 章 \ 4-3.mp4   源文件：源文件 \ 第 4 章 \ 4-3.xd

◆ **案例分析**

本案例是一个耳机产品宣传网站 UI 配色设计，最终效果如图 4-25 所示。

图 4-25 耳机产品宣传网站 UI 配色设计

主题色：红色、浅棕色、紫色。在该耳机产品宣传网站 UI 的设计中，选择与耳机产品外观相似的颜色作为网站 UI 的主题色，同时也是界面的背景色，从而使界面主题的表现更加突出，有效烘托产品的表现效果，给人一种很强的一致性感觉，并且当用户在不同颜色的产品界面之间进行滑动切换时，更容易分辨。

文字颜色：白色。界面的设计非常简洁、直观、主题突出，在高饱和度色彩背景上搭配白色文字，文字内容清晰、易读，并且界面表现整洁、清爽。

◆ **制作步骤**

Step 01 启动 Adobe XD，选择"自定义大小"选项，设置尺寸为 800px×600px，如图 4-26 所示。修改画板名称，使用"矩形"工具，在画板中绘制一个 700px×500px 的矩形，设置该矩形的"填充"为 #EE5146，"边界"为无，"圆角半径"为 17，效果如图 4-27 所示。

图 4-26 选择"自定义大小"选项

图 4-27 绘制圆角矩形

Step 02 选择刚绘制的圆角矩形，设置"阴影"为 38% 的黑色，并对相关选项进行设置，效果如图 4-28 所示。将素材图像 4301.png 拖入画板，调整到合适的大小和位置，效果如图 4-29 所示。

图 4-28　设置阴影效果

图 4-29　拖入素材图像

Step03 使用"文本"工具在画板中单击并输入文字，设置文字的"填充"为白色，效果如图 4-30 所示。使用相同的制作方法，在画布中输入其他文字内容，并对文字进行适当的排版处理，效果如图 4-31 所示。

图 4-30　输入文字

图 4-31　输入其他文字并排版

Step04 使用"矩形"工具，在画板中绘制一个 110px×32px 的矩形，设置该矩形的"填充"为白色，"边界"为无，"圆角半径"为 16，效果如图 4-32 所示。使用"文本"工具在画板中单击并输入文字，设置文字的"填充"为 #EE5146，效果如图 4-33 所示。

图 4-32　绘制圆角矩形

图 4-33　输入文字

Step05 使用"椭圆"工具，在画板中绘制一个 36px×36px 的圆形，设置该圆形的"填充"为无，"边界"为白色，"描边宽度"为 1，并设置该圆形的"不透明度"为 30%，效果如图 4-34 所示。使用"椭圆"工具，在画板中绘制一个 26px×26px 的圆形，设置该圆形的"填充"为 #EE5146，"边界"为无，效果如图 4-35 所示。

Step06 将刚绘制的两个圆形在水平方向上复制两次，并分别修改复制得到的小圆形的填充颜色，效果如图 4-36 所示。使用"钢笔"工具在画板中绘制路径，设置"边界"为白色，"描边宽度"为 2，效果如图 4-37 所示。

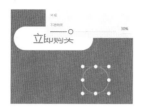

图 4-34 绘制圆形

图 4-35 绘制另一个圆形

图 4-36 复制图形并修改

图 4-37 绘制路径图形

Step07 复制刚绘制的图形并移至合适的位置，在属性面板中单击"水平翻转"按钮，将其水平翻转，效果如图 4-38 所示。至此，完成该耳机产品网站 UI 的配色设计，效果如图 4-39 所示。

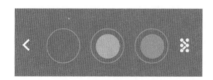

图 4-38 复制图形并翻转

图 4-39 最终效果

使用相同的制作方法，还可以完成不同颜色耳机产品网站界面的配色设计，注意使用与耳机产品颜色相同的色彩作为界面的主题色，效果如图 4-40 所示。

图 4-40 制作出不同颜色的商品界面

4.4　根据用户群体选择网站 UI 配色

色彩是人们接触事物时第一个感受到的，也是印象最深刻的。打开网站，最先感受到的并不是网站所提供的内容，而是网站 UI 的色彩搭配所呈现出来的一种感受。各种色彩争先恐后地沿着视网膜印在人们的脑海中，色彩在无意识中影响着人们的体验和每一次点击。

4.4.1　不同性别的色彩偏好

色彩带给人们的感受有着客观上的代表性意义，但是在每个人的眼中所实际感到的色彩存在着大大小小的差异。设计者如果想在网站 UI 中通过色彩恰当地传递情感，就要从多个方面考虑色彩的实用性。首先，在设计网站 UI 之前必须要确定目标群体，根据其特性找出目标群体对色彩的喜好及可运用的素材，做好充分的选择，这对网站 UI 设计来说十分有帮助。

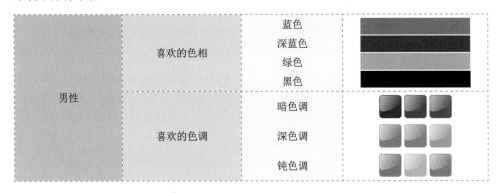

◆　**案例分析**

图 4-41 所示是一个男士手表网站 UI 设计，使用接近黑色的深灰色作为界面的背景颜色，体现出大方、高贵的品质感。在界面中搭配纯白色的文字，在手表产品的下方搭配中等明度的棕色，体现出尊贵、典雅的产品魅力。

图 4-42 所示是一个运动健身网站 UI 设计，使用深灰蓝色作为界面的主题色，搭配同色系不同明度的灰蓝色，并且与运动人物相结合，表现出男性的力量感。在界面局部点缀高饱和度的红色，表现出活力，同时也有效突出了界面中的重点信息。

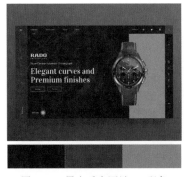

图 4-41　男士手表网站 UI 配色

图 4-42　运动健身网站 UI 配色

女性	喜欢的色相	红色	
		粉红色	
		紫色	
		紫红色	
		浅蓝色	
	喜欢的色调	淡色调	
		明亮色调	
		粉色调	

◆　**案例分析**

图 4-43 所示是一个女性饮品网站 UI 设计，使用高明度的浅粉红色与浅灰蓝色相搭配，高明度色彩能够给人一种柔和、舒适的印象，使界面的表现温和而可爱，在界面中通过洋红色突出重点内容的表现。

图 4-44 所示是一个女性化妆品网站 UI 设计，使用明度很高的浅黄色和粉红色构成页面的主色调，给人一种清新、自然、柔美的印象，使用高饱和度的鲜艳色彩进行点缀，体现出年轻女性的甜美与可爱。

图 4-43　女性饮品网站 UI 配色　　　　　　图 4-44　女性化妆品网站 UI 配色

4.4.2　不同年龄的色彩偏好

不同年龄段的人对颜色的喜好有所不同，比如老人通常偏爱灰色、棕色等，儿童通常喜爱红色、黄色等。

年龄层次	年龄	喜欢的颜色	
儿童	0 ～ 12 岁	红色、橙色、黄色等偏暖色系的纯色	
青少年	13 ～ 20 岁	以纯色为主，也会喜欢其他的亮色系或淡色系	
青年	21 ～ 40 岁	红色、蓝色、绿色等鲜艳的纯色	
中老年	41 岁以上	稳重、严肃的暗色系或暗灰色系、灰色系、冷色系	

◆ **案例分析**

图 4-45 所示是一个儿童网站 UI 设计，使用白色作为界面的背景颜色，在界面中搭配多种高饱和度的色彩，包括黄绿色、蓝色、红橙色等，使界面的表现非常活跃、欢乐，并且能够有效区分界面中不同的栏目内容，界面整体表现明亮且富有活力。

图 4-46 所示是一个时尚购物网站 UI 设计，主要针对青少年人群，使用浅灰色作为界面的背景颜色。浅灰色背景能够有效突出界面中商品图片的表现效果，在界面中的局部搭配高饱和度的黄色和蓝色色块图形，使界面的表现效果更加时尚。

图 4-45　儿童网站 UI 配色

图 4-46　时尚购物网站 UI 配色

图 4-47 所示是一个家具产品网站 UI 设计，使用接近白色的浅灰色作为界面的背景颜

色，有效突出界面中家具产品图片和文字介绍内容的表现，表现效果清晰、直观。使用深蓝色作为界面中内容标题文字的颜色，使用中等饱和度的黄色作为按钮的颜色，色调表现舒适、不刺激，界面整体给人一种清爽、简洁、舒适的印象，符合不同年龄用户的审美。

图 4-48 所示是一个养生旅游网站 UI 设计，使用中等饱和度的绿色作为网站 UI 的主题色，给人一种宁静、舒适的印象。在界面中搭配相邻的色相，并且其他色相也采用了中等饱和度的浊色调，界面整体的色调表现平和、宁静，能够有效吸引中老年人对于自然、健康的向往。

图 4-47　家具产品网站 UI 配色

图 4-48　养生旅游网站 UI 配色

提示　当然，色彩的运用也不是一成不变的，并不是说"购买"按钮一定要使用红色或橙色，而"下载"按钮一定要使用绿色。具体的色彩风格需要认真了解设计需求，确定网站定位与情感印象，如稳重、可信赖、活泼、简洁、科技感等，确定了网站定位，就可以选择合适的色彩方向进行设计。

4.5　根据商品销售阶段选择网站 UI 配色

色彩是商品的一个非常重要的外部特征，决定着产品在消费者脑海中是否留下印象，色彩为产品创造的高附加值的竞争力更为惊人。在产品同质化趋势日益加剧的今天，如何让你的品牌第一时间"跳"出来，快速锁定消费者的目光？本节将介绍商品的不同销售阶段的 UI 配色。

4.5.1　新产品上市期的网站 UI 配色

新产品刚刚推入市场时，还并没有被大多数消费者所认识，消费者面对新产品需要有一个接受的过程。为了加强宣传的效果，增强消费者对新产品的记忆力，在该新产品宣传网站 UI 的配色设计中，尽量使用色彩艳丽的单一色系色彩进行设计，以不模糊商品诉求为重点。

◆ **案例分析**

图 4-49 所示是一个果汁饮料网站 UI 设计，使用高饱和度的绿色作为主色调，通过不同明度绿色进行搭配，从而很好地表现出果汁产品的新鲜与健康品质。并且在网站中还使用了卡通形象的方式，加深浏览者对果汁饮料的印象，表现效果突出而醒目。

图 4-50 所示是一个运动鞋宣传网站 UI 设计，网站中所宣传的运动鞋产品本身采用了高饱和度的红橙色与蓝色这样的强对比配色设计，所以网站 UI 使用了低明度的灰蓝色作为背景颜色，与高饱和度色彩的运动鞋产品形成强烈对比，突出运动鞋产品的时尚与炫彩风格。

图 4-49　果汁饮料网站 UI 配色

图 4-50　运动鞋宣传网站 UI 配色

4.5.2　产品拓展期的网站 UI 配色

经过了前期对产品的大力宣传，消费者已经对产品逐渐熟悉，产品也拥有了一定的消费群体。在产品拓展期阶段，不同品牌同质化的产品也开始慢慢增多，无法避免地产生竞争，要想在同质化的产品中脱颖而出，产品宣传网站 UI 的色彩就要以比较鲜明、鲜艳的色彩作为设计重点，使其与同质化的产品产生差异。

◆ **案例分析**

图 4-51 所示是一个茶饮料宣传网站 UI 设计，使用橙色作为网站 UI 的主题色，给人一种温暖、愉悦的印象，并且橙色与该产品包装的色彩相统一。在界面中与绿色相搭配，表现出健康、绿色的印象，使人心情开朗。

图 4-52 所示是一个剃须刀产品宣传网站 UI 设计，使用高饱和度的蓝色作为网站 UI 的主题色，给人一种清凉与爽快的感受，与高饱和度的黄色和绿色搭配，界面色彩鲜明、对比强烈。

图 4-51　茶饮料宣传网站 UI 配色

图 4-52　剃须刀产品宣传网站 UI 配色

4.5.3　产品稳定销售期的网站 UI 配色

经过不断的进步和发展，产品在市场中已经占有一定的市场地位，消费者对该产品也已经十分了解，并且该产品拥有一定数量的忠实消费者。在产品稳定销售期阶段，维护现有顾客对该产品的信赖就会变得非常重要，此时在网站页面设计中所使用的色彩必须与产品理念相吻合，从而使消费者更了解产品理念，并感到安心。

◆　**案例分析**

图 4-53 所示是一个柠檬茶饮料网站 UI 设计，使用高饱和度的黄色作为网站 UI 的背景颜色，表现出明亮、欢快、充满活力的氛围，并且与该品牌的 Logo 颜色相呼应，在界面局部点缀少量的绿色和蓝色，使页面的表现更加生动。

图 4-54 所示是一个手机产品宣传网站 UI 设计，使用与产品外观颜色相同的高饱和度红色作为网站 UI 的主题色，与产品外观配色保持一致。高饱和度的红色给人一种激情、喜庆的印象，在网站 UI 中搭配白色文字，界面整体表现简洁、清晰，能够很好地突出产品的表现。

图 4-53　柠檬茶饮料网站 UI 配色

图 4-54　手机产品宣传网站 UI 配色

4.5.4　产品衰退期的网站 UI 配色

市场是残酷的，大多数产品都会经历一个从兴盛到衰退的过程。随着其他产品的更新，更流行的产品开始出现，消费者对该产品不再有新鲜感，销售量也会出现下滑，此时产品就进入了衰退期。这时，维持消费者对产品的新鲜感就是最大的重点，这个阶段网站 UI 所使用的颜色必须是流行色或有新意义的独特色彩，将网站 UI 从色彩到结构做一个整体的更新，重新唤回消费者对产品的兴趣。

◆　**案例分析**

图 4-55 所示是一个餐饮美食网站 UI 设计，界面一改以往使用橙色、黄色等暖色调为主的配色，使用高饱和度的蓝色作为界面的主题色，与白色相搭配，使界面表现出自然与清爽感。看惯了很多暖色系配色的美食网站，突然看到冷色系配色的美食网站，会给人留下深刻印象。

图 4-56 所示是一个休闲鞋网站 UI 设计，整体使用了偏灰的浊色调进行配色设计，灰浊的粉红色与墨绿色相搭配，虽然红色与绿色属于强对比色彩，但是降低了色彩的饱和度和明度，使界面表现低调、沉稳。暗浊色调的配色，突出表现了复古、怀旧的情怀。

图 4-55　餐饮美食网站 UI 配色

图 4-56　休闲鞋网站 UI 配色

4.6　课堂操作——设计服务网站 UI 配色设计

视频：视频＼第 4 章＼4-6.mp4　　　　源文件：源文件＼第 4 章＼4-6.xd

◆　**案例分析**

本案例是一个设计服务网站 UI 配色设计，最终效果如图 4-57 所示。

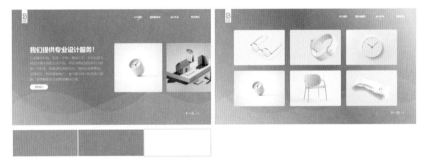

图 4-57　设计服务网站 UI 配色设计

背景色：渐变色彩。在本案例所设计的设计服务网站 UI 中，每个界面都使用了不同的高饱和度渐变色彩作为背景颜色，首页使用蓝色到洋红色的渐变颜色，而设计作品页面则使用橙色到紫色再到青色的渐变颜色作为背景颜色。使用渐变作为界面颜色可使界面的视觉表现效果非常时尚、靓丽，具有流动的韵律美，这也是目前比较流行的一种配色设计方式。

辅助色：白色。因为界面背景已经使用了高饱和度的渐变颜色，所以界面中的其他配色就应该选择中性色，否则会使界面显得混乱。在该界面设计中加入白色的图形和文字进行调和，使界面表现更加明亮、洁净，具有透气感。

◆　**制作步骤**

Step01 启动 Adobe XD，新建一个 Web 1920 屏幕尺寸大小的文档，修改画板名称。使用"矩形"工具，在画板中绘制一个 1920px×1080px 的矩形，设置该矩形的"填充"

为线性渐变，如图 4-58 所示。调整矩形的线性渐变填充效果，如图 4-59 所示。

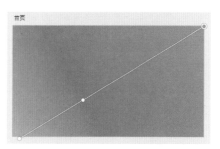

图 4-58　设置渐变颜色　　　　　　　　　　图 4-59　调整线性渐变填充

Step02 使用"钢笔"工具，在画板中绘制路径图形，设置"填充"为白色，"描边"为无，设置所绘制图形的"不透明度"为 10%，效果如图 4-60 所示。使用相同的制作方法，在画板中绘制其他相应的形状图形，丰富界面背景的表现效果，如图 4-61 所示。

图 4-60　绘制形状图形　　　　　　　　　　图 4-61　绘制其他形状图形

Step03 将素材图像 4601.png 拖入画板中，调整到合适的大小和位置，效果如图 4-62 所示。使用"文本"工具在画板中单击输入文字，设置文字的"填充"为白色，效果如图 4-63 所示。

图 4-62　拖入素材图像　　　　　　　　　　图 4-63　输入文字

Step04 使用"椭圆"工具，在画板中绘制一个 10px×10px 的圆形，设置该圆形的"填充"为白色，"边界"为无，效果如图 4-64 所示。使用"矩形"工具，在画板中绘制一个 458px×458px 的矩形，设置该矩形的"填充"为白色，"边界"为无，"圆角半径"为 10，效果如图 4-65 所示。

Step05 将素材图像 4602.jpg 拖入刚绘制的圆角矩形中，调整到合适的大小和位置，效果如图 4-66 所示。按住 Alt 键不放拖动复制圆角矩形，将素材图像 4603.jpg 拖入复制得到的圆角矩形中，效果如图 4-67 所示。

图 4-64　绘制圆形

图 4-65　绘制圆角矩形

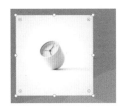

图 4-66　拖入素材图像

图 4-67　拖入其他素材图像

Step06 使用相同的制作方法，在该界面中合适的位置输入白色文字并绘制按钮图形，完成该界面的配色设计，效果如图 4-68 所示。选中画板，按住 Alt 键不放拖动鼠标复制画板，在画板名称位置双击修改画板名称，将复制得到的画板中不需要的内容删除，效果如图 4-69 所示。

图 4-68　输入文字并绘制图形

图 4-69　复制画板并将不需要的内容删除

Step07 选择该界面背景矩形，修改渐变颜色，效果如图 4-70 所示。按照与首页相同的制作方法，完成该界面中其他内容的制作，效果如图 4-71 所示。

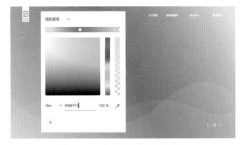

图 4-70　修改渐变颜色填充

图 4-71　完成图片列表的制作

至此，完成该设计服务网站 UI 的配色设计，最终效果如图 4-72 所示。

图 4-72　设计服务网站 UI 配色最终效果

4.7　常见的网站配色印象

不同的网站有着不同的风格，风格独特的网站往往能给人留下深刻的印象。影响网站风格的因素有很多，色彩是其中最重要的一环。优秀的设计师应该能够自如地运用各种颜色的调和与搭配，将自己对网站整体风格和创意的设计思想实体化。下面将根据常见的网站配色印象介绍相应的配色方案，向读者展示成功的配色案例，帮助读者掌握通过设计适当的配色方案树立网站风格的技巧。

4.7.1　女性化网站配色

女性化的配色是一种让人感觉到年轻女性之美的明亮色彩配色方式。一般使用暖色系色彩进行搭配，如果搭配明度差较小的柔和颜色，则能更好地表现出女性的柔美。

柔和的暖色系色彩是具有春天气质的颜色，常用来表现春天百花齐放的艳丽，与同色系的色彩相搭配，能够得到柔和、明媚的色彩效果。

◆　**案例分析**

图 4-73 所示是一个钻戒网站 UI 设计，使用高饱和度的蓝紫色作为界面的主题色。蓝紫色是一种女性化的色彩，给人一种浪漫、优雅的印象，与白色背景相搭配，表现效果清晰、明朗，加入高饱和度的黄色作为点缀，表现出积极、活泼的印象。

图 4-74 所示是一个女性服饰网站 UI 设计，使用白色作为界面背景颜色。在界面中搭配高明度的粉红色和浅蓝色，高明度色彩能够给人一种轻柔的感觉，使整个网站 UI 表现出女性的柔和、甜美感觉。

图 4-73　钻戒网站 UI 配色　　　　　　图 4-74　女性服饰网站 UI 配色

4.7.2　男性化网站配色

冷色系色彩比较适合表现男性化的网站配色。使用明度差大、对比强烈的配色，或者使用灰色及有金属质感的颜色，能很好地描绘出男性色彩。

要想体现出男性的阳刚气质，通常以灰色和深蓝色系为主，色调暗、钝、浓，配以褐色，给人以稳重、男性化的印象，界面显得理智、坚毅，让人联想起男性的精神。

◆　**案例分析**

图 4-75 所示是一个篮球俱乐部网站 UI 设计，使用中等明度的绿色作为界面的主题色，在界面中与不同明度的绿色相搭配，体现出球队顽强的生命力，表现出青春、朝气与积极向上的情感共鸣。在界面局部加入橙色进行点缀，突出重点内容的表现。

图 4-76 所示是一个体育用品网站 UI 设计，使用黑色作为界面的背景颜色，表现出力量与品质感，搭配低明度的深灰蓝色，并且与运动人物素材相结合，体现出强烈的力量感与运动感。

图 4-75　篮球俱乐部网站 UI 配色

图 4-76　体育用品网站 UI 配色

4.7.3　儿童网站配色

根据儿童的年龄特点，在网站 UI 设计过程中，不能使用超出儿童所受教育范围的不好的内容和色彩，而应当使用能够帮助儿童健康发展、积极向上的颜色，如绿色、黄色或蓝色等，使用一些鲜亮的颜色，让人感觉活泼、快乐、有趣、生机勃勃。

设计儿童网站一般要遵循健康、活泼、有趣等几个原则，脱离这些原则，很可能不会引起儿童的兴趣，有些颜色还会对他们的心理产生不好的影响。

◆　**案例分析**

图 4-77 所示是一个儿童教育网站 UI 设计，使用高明度、低饱和度的浅黄色作为界面的背景颜色，给人一种柔和、低调的印象。界面中的导航菜单、Logo 等位置搭配了鲜艳的黄色，局部点缀多种鲜艳的色彩，给人一种鲜明、欢乐、生机勃勃的感觉。

图 4-78 所示是一个婴儿用品网站 UI 设计，使用粉绿色作为界面的背景颜色，可以很好地体现网站所要表现的内容，同时淡雅的灰色和粉绿色相搭配，更好地衬托出网站的主题，同时给人以温馨的画面感。

图 4-77　儿童教育网站 UI 配色

图 4-78　婴儿用品网站 UI 配色

4.7.4　稳定安静的网站配色

低饱和度的冷色系色彩给人一种凉爽感，使用这些颜色可让人的心灵享受宁静，搭配大自然中小草或者绿树这样的颜色，能够起到净化心灵的作用。

使用灰色调相搭配，能够使界面产生安稳的效果，少量的暗色能够在界面中强调明度的对比，在安稳中带着一股回归乡野、与世无争的意味。

◆　案例分析

图 4-79 所示是一个设计网站 UI 设计，使用深暗的褐色作为界面的背景颜色，给人一种稳定、踏实的感觉。在界面中局部点缀少量鲜艳的黄色，活跃界面氛围，使界面不至于过于沉闷，视觉表现更富有艺术设计感。

图 4-80 所示是一个家居用品网站 UI 设计，使用高明度、中等饱和度的浅蓝色作为界面主题色，给人一种柔和、自然的印象，搭配同色系低明度的灰蓝色，在界面中很好地划分了不同的内容区域，界面整体色调保持统一，给人一种稳定、简洁、舒适的印象。

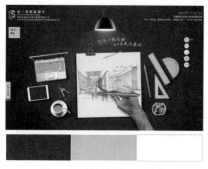

图 4-79　设计网站 UI 配色

图 4-80　家居用品网站 UI 配色

4.7.5　兴奋激昂的网站配色

色彩的三要素（即色相、明度和饱和度）能够体现兴奋、平静等心理感觉，高饱和度的暖色系颜色给人以温暖的感觉，同时也能够带给人兴奋的感觉。鲜明的色彩总是让人感觉明快、令人振奋，具有引人注目的能量，显得生机勃勃，高饱和度的色彩搭配给人一种大胆的感觉。

在众多颜色中，红色是最鲜艳生动、最热烈的颜色，它代表着激进主义、革命与牺牲，常让人联想到火焰与激情。

低明度的色彩给人以沉稳的感觉，表面看起来很安定，隐约透露出一种动感。使用令人感觉兴奋的颜色作为基色，搭配温暖感觉的色调，可使整个画面更加突出。

◆ **案例分析**

图 4-81 所示是一个洋酒宣传网站 UI 设计，使用明度最低的黑色作为界面的背景颜色，给人一种尊贵、高档的印象，搭配暗红色的产品与图形，表现出一种动感，整体给人一种兴奋与激情的感觉。

图 4-82 所示是一个运动宣传网站 UI 设计，使用蓝色作为界面的背景颜色，搭配不规则几何形状的高饱和度橙色色块，与背景对比强烈。多个不规则、散乱的几何形色块，表现出很强的运动感与视觉冲击力，从而使整个界面给人一种富有激情的印象。

图 4-81 洋酒宣传网站 UI 配色　　　　图 4-82 运动宣传网站 UI 配色

4.7.6 轻快律动的网站配色

色彩的轻重感和色彩三要素中的明度之间的关系最为密切，鲜艳的高明度色彩给人以轻快的感觉，如果同时配上白色，还能增添清洁、明亮之感。

高明度的色调能够表现出柔嫩的印象，与对比色搭配能够展现出美好动人的风采；与互补色搭配，会给人以亲近、柔和的印象；与同色系搭配，能够表现出含蓄之美；与邻近色搭配，能够表现出青春童话般的美妙联想；与低饱和度的间色或互补色搭配，给人以享受和快活的感觉。

◆ **案例分析**

图 4-83 所示是一个果酒宣传网站 UI 设计，使用高明度的黄绿色作为界面背景颜色，搭配同色系高饱和度的绿色，给人以新鲜、自然的感觉。导航菜单搭配白色背景，使界面表现更加明亮、通透，不同颜色的导航菜单文字体现出律动感。

图 4-84 所示是一个音乐网站 UI 设计，使用白色作为界面的背景颜色，主题颜色则搭配了从高明度的蓝色到高明度紫色的渐变颜色，给人带来明亮、美妙的感觉。波浪形状的图形

设计，使得界面表现更加具有音乐的律动感。

图 4-83　果酒宣传网站 UI 配色　　　　　图 4-84　音乐网站 UI 配色

4.7.7　生动活力的网站配色

暖色系的配色一般会让人觉得生动、朝气蓬勃、富有活力，但在使用时如果稍微出错，则会让人觉得过于轻浮，或者容易使人的眼睛感到疲劳。因此，为了使这种生动、富有活力的感觉更加自然，恰当地使用强调色显得尤其重要。例如，如果红色显得过于刺激的话，搭配黄色与红色的中间色，可以增加柔软感；如果使用绿色系颜色，也可以给人一种稳定、安静的感觉。

◆　**案例分析**

图 4-85 所示是一个饮料活动网站 UI 设计，使用高饱和度的黄色作为主题色，与蓝天、白色的插图形成鲜明的呼应，表现出活力与朝气。在界面中搭配黄色的邻近色橙色，使界面的色彩层次更加丰富，表现更加生动，导航菜单文字及小图标都使用了蓝色，与黄色形成强烈对比，使界面更具有活力。

图 4-86 所示是一个茶饮料网站 UI 设计，使用绿色作为界面主题色，搭配大自然的茶园图片作为界面的满屏背景，给人一种清爽、自然、健康的印象。在界面中搭配与该品牌形象统一的黄色，使界面的表现更加朝气蓬勃、充满活力。

图 4-85　饮料活动网站 UI 配色　　　　　图 4-86　茶饮料网站 UI 配色

4.7.8　清爽自然的网站配色

清澈的蓝色系色彩搭配可使画面显得非常清爽，添加一些近似色的点缀，更能彰显画面的天然性，像大自然的气息，给人清新的享受与希望的力量，经常用于网站 UI 设计和广告设计中，与对比色搭配，能呈现出清爽、透彻的感觉。

高明度的色调能够表现出清爽、明快的感觉，与原色、间色或复色搭配，给人一种开朗、豪放的印象；与邻近色搭配时，效果会更加自然、和谐，使人们产生一种舒适、惬意的感受。高明度的冷色调能够给人一种开朗、积极向上、轻松诙谐的感受，常用于日化用品与漫画中，再加入天蓝色，显得包罗万象。

◆　**案例分析**

图 4-87 所示是一个牛奶品牌宣传网站 UI 设计，使用蓝天、白云、草地这样的自然场景作为界面背景，给人一种清爽、自然的感受。界面中的色彩也选择了大自然中的绿色、蓝色及白色进行搭配，体现出产品的纯天然品质，让人感觉清爽、舒适、自然。

图 4-88 所示是一个保健品网站 UI 设计，用明度较高的黄绿色作为界面的背景颜色，搭配蓝色的天空及绿色的绿叶，表现出产品的自然与健康品质。为局部文字和按钮点缀弱对比的橙色，使界面表现更加富有活力。

图 4-87　牛奶品牌宣传网站 UI 配色　　　　图 4-88　保健品网站 UI 配色

4.7.9　高贵典雅的网站配色

高贵典雅的色调常用来表现浓郁、高雅的情调与热情奔放的情感，表现出女性的柔美多情，还可用来表现女士的礼服，根据色调的差异表现出温暖时尚的效果。使用明度和纯度较高的暖色调，如红色、洋红色、橙色和黄色等，可以体现出华丽、炫丽的感觉。

低明度色彩表现效果沉稳，是一种具有传统气息的色彩，适用于表现庄重、典雅的气氛及浓郁沉香的食物，与同色系、邻近色相搭配，色调和谐统一；搭配互补色，能够表现出干净利落的效果。低明度高饱和度的色调能够给人以高贵、时尚、华丽、典雅的现代感。例如，酒红色比纯红色更成熟，更有韵味，女性穿上这种色调的服饰会尽显女性魅力。

◆　**案例分析**

图 4-89 所示是一个时尚女装网站 UI 设计，使用低明度深暗的棕色作为界面主色调，深棕色能够给人一种沉稳、低调的印象。界面整体色调统一，设计非常简洁，仅在背景中放置

人物素材，其他元素并没有任何装饰效果，给人一种精致、典雅的感受，并且能够有效突出表现界面中的信息内容。

图 4-90 所示是一个汽车宣传网站 UI 设计，土黄色渐变背景和汽车的金属质感营造出时尚华丽的界面风格，局部橙色的点缀可以增加界面的时尚感和层次感，整个界面给人一种高品质的生活和享受的氛围。

图 4-89　时尚女装网站 UI 配色　　　　　　图 4-90　汽车宣传网站 UI 配色

4.7.10　成熟的网站配色

代表成熟风格的配色方案一般由暗淡系列的色调构成。暗淡且没有明度差的配色比较容易描绘出都市的成熟风采，低饱和度的红色和紫色则能够营造出优雅的氛围。同时，褐色系列的颜色显得非常自然，也能够体现出成熟感。

◆ **案例分析**

图 4-91 所示是一个化妆品网站 UI 设计，使用香槟黄作为界面的主题色，与产品包装的色彩相呼应，搭配白色，使整个界面表现得更加柔和、舒适、高雅，体现出成熟女性的魅力。少量蓝色文字的添加与背景形成对比效果，增强了界面的视觉层次。

图 4-92 所示是一个男士手表网站 UI 设计，使用低明度的深灰蓝色作为界面的背景颜色，在界面中搭配具有相同配色的男士手表产品，保持色调的统一，在局部加入棕色进行点缀，使整个界面表现出与商品相同的稳重、成熟和品质感。

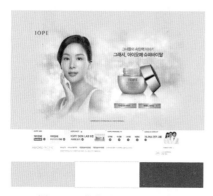

图 4-91　化妆品网站 UI 配色　　　　　　图 4-92　男士手表网站 UI 配色

4.8 课堂操作——滑板产品宣传网站 UI 配色设计

视频：视频 \ 第 4 章 \ 4-8.mp4　　　源文件：源文件 \ 第 4 章 \ 4-8.xd

◆ **案例分析**

本案例是一个滑板产品宣传网站 UI 配色设计，最终效果如图 4-93 所示。

图 4-93　滑板产品宣传网站 UI 配色设计

背景色：深灰色。在该滑板产品宣传网站 UI 设计中，使用接近黑色的深灰色作为界面背景颜色，同时也是该网站界面的主题色。深灰色给人一种稳重、大气的印象，并且能够有效地突出界面中滑板产品的表现，搭配滑板运动图片，使界面表现更酷。

辅助色：白色。该网站使用了无彩色进行配色设计，深灰色的背景搭配白色文字，并且各滑板产品图片都搭配了白色的圆角矩形背景，使界面信息内容的表现非常清晰、直观，有效突出了产品的表现。

◆ **制作步骤**

Step 01 启动 Adobe XD，新建一个 Web 1920 屏幕尺寸大小的文档，修改画板名称，并设置画板的"填充"为 #272727，如图 4-94 所示。使用"矩形"工具，在画板中绘制一个 884px×1080px 的矩形，设置该矩形的"填充"为白色，"边界"为无，效果如图 4-95 所示。

图 4-94　设置画板填充颜色

图 4-95　绘制矩形

Step 02 将素材图像 4801.jpg 拖入刚绘制的矩形中，调整到合适的大小和位置，效果如图 4-96 所示。使用"矩形"工具，在画板中绘制一个 884px×1080px 的矩形，设置该矩形

的"填充"为黑色，"边界"为无，设置该矩形的"不透明度"为 40%，效果如图 4-97
所示。

图 4-96　拖入素材图像

图 4-97　绘制矩形并设置不透明度

Step03 使用"文本"工具在画板中单击并输入文字，设置文字的"填充"为白色，
效果如图 4-98 所示。使用相同的制作方法，完成界面中相似内容的制作，效果如图 4-99
所示。

图 4-98　输入文字并设置属性

图 4-99　完成相似内容制作

Step04 打开"素材 48.xd"文件，将菜单图标复制到当前画板中，并修改"填充"为
白色，效果如图 4-100 所示。使用相同的制作方法，在画板中输入文字，并对个别文字
进行旋转处理，效果如图 4-101 所示。

图 4-100　复制图标到画板中

图 4-101　输入文字

Step05 选中画板，按住 Alt 键不放拖动鼠标复制画板，在画板名称位置双击修改画板

名称，将复制得到的画板中不需要的内容删除，效果如图 4-102 所示。使用"文本"工具在画板中单击并输入文字，设置文字的"填充"为白色，效果如图 4-103 所示。

图 4-102　复制画板并将不需要的内容删除　　　　图 4-103　输入文字

Step06 使用"矩形"工具，在画板中绘制一个 374px×345px 的矩形，设置该矩形的"填充"为白色，"边界"为无，"圆角半径"为 20，效果如图 4-104 所示。将素材图像 4803.png 拖入画板中，调整到合适的大小和位置，效果如图 4-105 所示。

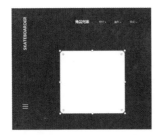

图 4-104　绘制圆角矩形　　　　　　　　图 4-105　拖入素材图像

Step07 为刚拖入的素材图像设置"阴影"为 60% 的 #7E7E7E，对相关选项进行设置，效果如图 4-106 所示。使用"文本"工具在画板中单击并输入文字，设置文字的"填充"为白色，效果如图 4-107 所示。

图 4-106　设置阴影效果　　　　　　　　图 4-107　输入文字

Step08 使用相同的制作方法，可以完成该界面中商品列表的制作，效果如图 4-108 所示。打开"素材 48.xd"文件，将购物车和搜索图标分别复制到当前画板中，并修改"填充"为白色，输入相应的文字，完成搜索栏的制作，效果如图 4-109 所示。

图 4-108　完成商品列表制作　　　　图 4-109　完成其他相应内容的制作

至此，完成该滑板产品宣传网站 UI 的配色设计，最终效果如图 4-110 所示。

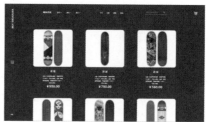

图 4-110　滑板产品宣传网站 UI 的最终效果

4.9　拓展知识——如何培养色彩敏感度

要想对色彩运用自如，不仅靠敏锐的审美观，即使没有任何美术功底，只要做到经常收集和记录，同样能够有敏锐的色彩感。

可以尽量多收集生活中喜欢的色彩，无论是数码的、平面的，还是各式各样的材质都可以，然后将所收集的素材依照红、橙、黄、绿、青、蓝、紫、黑、白、灰等不同的色系分门别类，这就是最好的色彩资料库。以后在需要配色时，可以从色彩资料库中找到适当的色彩与质感。

同时，还要训练自己对色彩明暗的敏感度，色相的协调虽然是重点，但如果没有明暗度的差异，配色也不会美。在收集色彩素材时，可以同时测量一下它的亮度，或者制作从白色到黑色的亮度标尺，记录该素材最接近的亮度值。

运用上述两种方法，日积月累，对色彩的敏锐度也会越来越强。图 4-111 所示为出色的网站 UI 配色设计。

> **提示**　在进行网站 UI 配色设计时，使用的色彩最好不要超过 3 种。色彩过多会造成界面混乱，让人觉得没有侧重点。网站 UI 必须首先确定一种主题色，在对其他辅助色彩进行选择时，需要考虑其他配色与主题色的关系，这样才能使 UI 的色彩搭配更加和谐、美观。

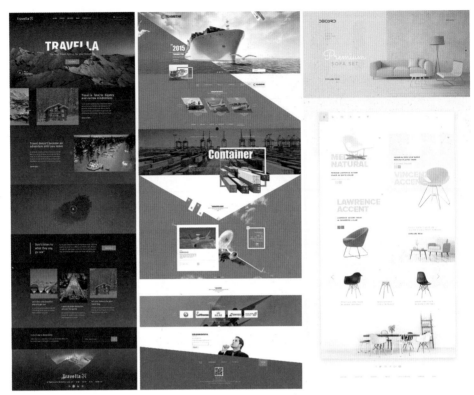

图 4-111　出色的网站 UI 配色设计

4.10　本章小结

在对网站 UI 进行配色设计时，除了考虑网站本身的特点，还需要遵循一定的艺术规律，才能够设计出色彩鲜明、风格独特的网站 UI。完成本章内容的学习，读者需要掌握网站 UI 配色设计的相关知识，并能够在实际网站 UI 设计过程中应用所学习的配色知识，设计出美观出色的网站 UI。

4.11　课后测试

完成本章内容学习后，接下来通过几道课后习题，检测一下读者对本章内容的学习效果，同时加深对所学知识的理解。

一、选择题

1.下列颜色中，视觉感最强烈的是（　　）。

A.红色　　　　　　B.蓝色　　　　　　C.黄色　　　　　　D.白色

2.下列颜色中，视觉感最平静的是（　　）。

A.红色　　　　　　B.蓝色　　　　　　C.黄色　　　　　　D.白色

3.下列色彩搭配中，（　　）色彩搭配在一起时，在面积相同的情况下，平衡感是良好的。

A. 黑色与绿色　　　　　　　　　　B. 红色与绿色

C. 黑色与黄色　　　　　　　　　　D. 红色与黄色

4. 色彩的心理印象中，（　　）给人以生命、青春、和平、安静、安全的感觉。

A. 黄色　　　　　　B. 蓝色　　　　　　C. 绿色　　　　　　D. 白色

5. 冷色的代表色是（　　　）。

A. 绿色　　　　　　B. 蓝色　　　　　　C. 白色　　　　　　D. 紫色

二、填空题

1. 突出网站 UI 中链接文字的方法主要有两种，一种是当鼠标移至链接文字上时，链接文字_____；另一种是当鼠标移至链接文字上时，链接文字的_____发生改变，从而突出显示链接文字。

2. _____是指界面中较小的一处面积颜色，通常用来打破单调的界面整体效果。

3. 不同年龄段的人对颜色的喜好有所不同，比如老人通常偏爱_____等，儿童通常喜爱_____等。

4. _____色彩比较适合表现男性化的网站配色。

5. 在众多颜色里，_____是最鲜艳生动、最热烈的颜色，它代表着激进主义、革命与牺牲，常让人联想到火焰与激情。

三、操作题

根据本章所学习的 UI 配色知识，完成一个汽车宣传网站 UI 的配色设计，具体要求和规范如下。

（1）内容 / 题材 / 形式：汽车宣传网站 UI 配色设计。

（2）设计要求：在 Adobe XD 中完成汽车宣传网站 UI 的配色设计，通过配色设计体现出汽车的高档与奢华感。

第5章 / 移动 UI 配色设计

移动 UI 的视觉设计其实也是一种信息的表达，充满美感的 UI 设计会让用户从潜意识中青睐它，同时也加深了用户对品牌的再度认知。在移动 UI 设计中，色彩给人的感受是最直观的，不同的配色传达出的情感也不同。

5.1 移动 UI 配色需要注意的问题

扁平化设计风格已经成为当下移动 UI 设计的主流风格，而鲜明的配色更是扁平化设计风格的一大亮点。色彩搭配本身并没有一个统一的标准和规范，配色水平也无法在短时间内快速提高。在对移动 UI 进行配色设计的过程中，需要注意以下几个常见的问题。

5.1.1 切忌把精致美观放在第一位

首先需要明确的是，出色的 UI 配色对于产品的意义包括：使产品更易用；让用户愉悦；定义产品的视觉风格；传达产品的品牌形象等。

当拿到产品需求后，首先需要明确的是该产品的用户群体，分析其功能和信息架构，从而确定产品 UI 的配色基调，如图 5-1 所示。

所以，在产品 UI 的视觉设计过程中，配色需要根据产品的用户群体及功能来决定，切忌把界面的"精致美观"和"形式感"放在第一位。

图 5-1　产品 UI 配色需要考虑的问题

◆ **案例分析**

图 5-2 所示是一个女性服饰电商 App 界面设计，使用高饱和度的洋红色作为主题色，体现出女性的甜美与华丽感，而白色背景能够更好地突出服饰产品色彩的表现，为界面中的重要功能操作按钮点缀洋红色，表现效果突出，用户跟随洋红色的功能操作按钮即可完成商品的购买操作。

图 5-3 所示是一个相机 App 界面设计，该 App 界面设计非常简洁，使用白色作为界面背景颜色，并没有添加任何装饰，重点突出界面中照片和功能操作图标的视觉表现效果。功能操作按钮同样也根据重要性的不同而采用了不同的配色设计，最重要的功能操作按钮使用高饱和度的鲜艳渐变颜色表现，非常突出，界面整体给人以简洁、时尚、重点突出的感觉。

图 5-2　女性服饰电商 App 界面配色　　　　图 5-3　相机 App 界面配色

5.1.2　UI 配色要符合人们的心理印象

在生活中，当提到海洋时，人们就会想到蓝色；当提到阳光时，人们就会想到黄色。这些都是大自然给人们留下的色彩印象。

此外，色彩还具有象征性，如红色象征热情，蓝色象征冷静，黄色象征温暖等。这些都是人们通过长期现实生活中的色彩印象建立起来的色彩感受。每一种色彩给人留下的印象感受都是不一样的，这些色彩印象可以帮助产品迅速建立用户认知。在对产品 UI 进行配色设计时，需要根据这些符合人们认知的印象去设计，尽量让配色符合人们的预期。

对于一些针对性比较强的产品来说，在对其 UI 界面进行配色设计时，需要充分考虑用户对颜色的喜爱。例如，明亮的红色、绿色和黄色适合用于为儿童设计的应用程序。

◆　**案例分析**

图 5-4 所示是一个旅行服务 App 界面设计，使用青蓝色到蓝色的渐变作为界面背景颜色，蓝色是大自然的色彩，能够使人联想到天空、大海等大自然场景。界面中的信息内容则衬托了白色的背景，白色与蓝色的搭配使界面表现清爽且富有透气感。

图 5-5 所示是一个儿童益智 App 界面设计，使用高饱和度的黄色作为界面主题色，与白色的背景颜色相搭配，使界面表现非常明亮、活跃。在界面中点缀高饱和度的鲜艳色彩，并且加入卡通图形的设计，使界面的表现效果更加欢乐，充满童趣。

图 5-4　旅行服务 App 界面配色　　　　图 5-5　儿童益智 App 界面配色

5.1.3　界面内容要便于阅读

要确保产品 UI 设计具有良好的可读性和易读性，就需要注意界面中的色彩搭配。最有效的方法就是遵循色彩对比的法则，如在浅色背景上使用深色文字，在深色背景上使用浅色文字等。通常情况下，在 UI 设计中动态对象应该使用比较鲜明的色彩，而静态对象则应该使用比较暗淡的色彩，能够做到重点突出，层次突出。

◆　**案例分析**

图 5-6 所示是一个新闻资讯 App 界面设计，界面中的内容以文字为主，为了使界面内容具有良好的可读性和易读性，使用纯白色作为界面的背景颜色。在界面中搭配深灰色的文字，这种文字配色方式最适合人们阅读，局部点缀少量有彩色活跃界面氛围。

图 5-7 所示是一个灯具产品 App 界面设计，使用低明度的深灰棕色作为界面主题色。深灰棕色给人一种稳定、踏实的印象，与白色背景相搭配，很好地划分了界面中不同的内容区域，界面中的文字则始终保持与背景的对比配色，具有良好的可读性，在界面中加入黄色进行点缀，使界面的表现更加活跃。

图 5-6　新闻资讯 App 界面配色

图 5-7　灯具产品 App 界面配色

5.1.4　保守地使用色彩

所谓保守地使用色彩，主要是从大多数用户考虑出发的。根据所开发的移动应用产品所针对的用户群体的不同，在产品 UI 设计过程中使用不同的色彩搭配。在移动 UI 设计过程中提倡使用一些柔和的、中性的色彩进行搭配，便于绝大多数用户都能够接受。因为在移动 UI 设计中使用鲜艳的色彩突出界面的视觉表现效果，如果处理不当，反而会适得其反。

◆　**案例分析**

图 5-8 所示是一个金融支付 App 界面设计，使用蓝色的主题色与白色的背景色相搭配，使界面的表现非常清晰，给人一种理性的印象。界面中重要的功能操作图标使用高饱和度的红色搭配，无论与蓝色还是白色都能够形成强烈的对比，很好地突出了其表现效果。

图 5-9 所示是一个餐饮美食 App 界面设计，使用白色作为界面背景颜色，有效突出界面中美食图片的表现，使美食的色彩表现更加富有诱惑力。在界面中加入鲜艳的黄橙色进行搭配，为界面增添活力，并且鲜艳的黄色也能够促进人们的食欲。

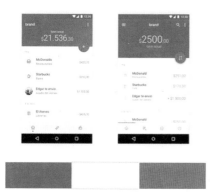

图 5-8　金融支付 App 界面配色　　　　　图 5-9　餐饮美食 App 界面配色

5.1.5　切忌使用杂乱的配色

色彩就像音符一样，巧妙地加以组合才能谱出美妙的音乐。要想让所设计的产品 UI 看起来简洁、明快，使用起来简便、流畅，切忌在 UI 设计中使用杂乱的颜色。

在移动 UI 设计中，首先需要确定主题色，然后再确定按钮、图标、链接、点击状态等可以点击交互的元素色彩，通常可交互的元素色彩与主题色保持一致。除此之外，文字的配色规范也很重要，可点击的文字一般使用主题色，其他的文字则按照重要程度使用灰色系加以区分。最后一步是确定背景色配色规范，背景色可以对界面中内容模块的主次进行很好的划分。

◆ **案例分析**

图 5-10 所示是一个医药电商 App 界面设计，使用白色作为界面的背景颜色，界面中不同的药品分类搭配了不同的有彩色背景，使用界面中的药品分类非常清晰，便于用户操作。虽然在界面中使用了多种色彩进行搭配，但所使用色彩的明度和饱和度相类似，整体表现依然很协调。

图 5-11 所示是一个婴儿保健 App 界面设计，使用蓝色作为界面的主题色，与白色的背景相搭配，使界面表现非常清爽、自然。在文字配色部分，各新闻资讯的标题文字都使用了主题颜色，而正文内容文字则使用了深灰色，表现出视觉层次感，同时也提醒用户标题文字为可点击文字。

> **提示**　在产品 UI 设计中，除了需要对交互控件、字体等进行规范，UI 配色也应该进行规范、统一。建立统一的配色规范，才能够在 UI 设计中让信息结构的层次更加分明，功能更加明确，界面一目了然。

图 5-10　医药电商 App 界面配色

图 5-11　婴儿保健 App 界面配色

5.2　移动 UI 配色的基本流程

设计和绘画一样，不要刚开始设计就抠细节。首先应该先确定 UI 的版式，然后再调整 UI 的配色。可以将 UI 配色的基本流程拆分为几个阶段，如图 5-12 所示。

图 5-12　UI 配色的基本流程

5.2.1　产品分析，确定风格

在对移动 UI 进行设计之前，首先需要对该产品进行深入分析，这是非常重要的一步。比如，该产品的原始需求是希望 UI 能够表现出强有力的感觉，而在设计时表现出的是小清新的感觉，那么即使设计得再出色也没有达到该产品的目的。

在开始对一款产品的 UI 进行设计时，正确的思维方式应该是"该产品的 UI 设计适合使用什么风格"，而不是"我想要使用什么风格来设计该产品的 UI"。因为你想要使用什么设计风格别人并不关心，别人只关心产品 UI 设计所达到的效果，因此，设计不能以自我为中心。

在确定产品所需要使用的设计风格时，可以多参考一些竞品，或者与本次设计相似的产品，通过多观察比较来获得设计灵感。例如，需要设计一个餐饮类 App 界面，在许多人的印象中都知道使用暖色系的红色、橙色或黄色进行设计表现，但事实上通过观察成功的设计作品，不止红色、橙色和黄色，还有绿色和深蓝色等多种色彩搭配，也就是说一种类型的产品不止一种色彩搭配。

◆　**案例分析**

图 5-13 所示是一个服饰电商 App 界面设计，该服饰 App 中的大多数产品以无彩色系为

主，所以界面的设计也使用了无彩色进行配色，使界面表现出素雅、高档的印象，只在局部点缀了高饱和度的红色，突出重点功能。这样的配色能够体现出高档感，适合有一定经济实力的中年用户，而年轻用户则会感觉缺乏活力。

图 5-14 所示是一个家居产品 App 界面设计，完全可以使用纯白色的背景搭配蓝色的产品图片，很好地突出产品的表现效果，但是在该界面的设计中，在白色背景中加入了倾斜的蓝色背景色块作为装饰，从而使界面的表现效果更加独特且富有艺术性，体现出 UI 设计的审美情趣。

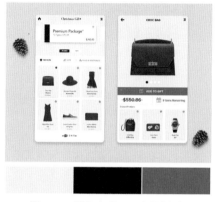

图 5-13　服饰电商 App 界面配色

图 5-14　家居产品 App 界面配色

> **提示**　在对 UI 进行配色设计时，不要只停留在思考层面，依靠传统的印象进行配色，而是需要多看看相关竞品，相互比较之后再做决定。

5.2.2　确定主题色

在 UI 配色设计过程中，很多时候都是主题色与辅助色一起确定的，主题色的作用是确定界面的色彩印象，辅助色的作用是为了平衡主题色。

在选择 UI 设计中的配色时，可以根据所确定的设计风格确定 UI 需要为用户留下什么样的印象。首先可以确定是使用暖色系色彩还是使用冷色系色彩，然后再选择具体的色相。图 5-15 所示为暖色系、冷色系及常用色相给人的心理印象。

1. 红色

红色是最适合表现积极、热情的色彩，常用于综合性电商类移动 UI 设计中。同时红色也是健康的色彩，是有活力的食品色，添加少许与红色形成互补的绿色，可以增强红色的开放感，衬托出健康的感觉。红色也可以表现欢迎顾客、充满干劲的积极态度。

2. 橙色

橙色给人一种舒适感，它没有红色那么强的刺激性，常用于生活美食类的移动 UI 设计中。橙色可以表现出阳光、开放、稳定、明快、健康的感觉，并且还能够体现出温暖幸福的意象，让人联想到开朗的笑容，使人的情绪变得轻松。

图 5-15 暖色系、冷色系及常用色相给人的心理印象

◆ **案例分析**

红色能够给人一种热情、好客的印象。图 5-16 所示是一个化妆品 App 界面设计，使用白色作为界面的背景颜色，有效突出界面中商品和文字内容的表现，界面内容表现清晰、整洁。进入商品详情界面，使用高饱和度的红色作为主题色，与该化妆品的色彩保持一致，给人一种热情如火的感觉。

高饱和度的橙色能够给人带来活力与动感的印象。图 5-17 所示是一个运动鞋电商 App 界面设计，使用高饱和度的橙色作为界面的主题色，与白色的背景色相搭配，使界面表现出明朗、阳光、活力的印象，突出表现运动鞋产品带给人们的舒适与动感。

图 5-16 化妆品 App 界面配色

图 5-17 运动鞋电商 App 界面配色

3. 黄色

黄色是一种引人注目的色彩，能够体现出积极、开放、欢乐的感觉。黄色能够体现出小孩子毫不掩饰的阳光感，能够表现非常自然、轻松，无拘无束的明快感。在社交和旅游类的移动 UI 设计中，常常选择使用黄色进行配色设计。

4. 绿色

绿色是能够直接体现出自然能量的颜色，活力与冷静并存。绿色能够给人以稳重、平和的感觉，拥有朴素而自然的安稳感。在生鲜、旅游类的移动 UI 设计中，常常选择使用绿色进行配色设计。

◆ **案例分析**

图 5-18 所示是一个音乐 App 界面设计，使用鲜艳的黄色作为界面的主题色，黄色是一种阳光、活力的色彩，搭配白色的背景颜色，使界面表现出轻松、欢乐、阳光的印象。

绿色总是能够给人带来自然、健康的印象，特别适合生鲜类产品的表现。图 5-19 所示是一个水果电商 App 界面设计，使用中等饱和度的绿色作为界面的主题色，在界面中与白色背景相搭配，使界面表现出清新、自然的印象。界面中不同种类的水果图片搭配不同的背景颜色，使界面的表现更加活跃。

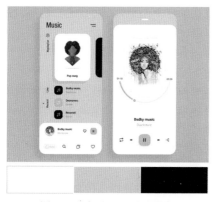

图 5-18　音乐 App 界面配色

图 5-19　水果电商 App 界面配色

5. 蓝色

蓝色代表冷静和理性，蓝色与白色相搭配，能够表现出干净、清爽的印象。蓝色常用于表现冷静而理智的行业，如医疗、清洁用品、航空等，能够提高用户的信赖度，让人安心。

◆ **案例分析**

蓝色容易使人联想到蓝天、大海等自然场景，所以与自然场景相关的行业都可以使用蓝色作为主题色。图 5-20 所示是一个机票预订 App 界面设计，使用高饱和度的蓝色作为界面的主题色，与纯白色的背景颜色相搭配，表现出蓝天、白云的自然、清爽感，整个界面看起来非常清晰、通透。

蓝色是富有科技感的色彩，能够给人带来理性的印象。图 5-21 所示是一个金融理财 App 界面设计，使用高饱和度的蓝色作为主题色，与纯白色的背景颜色相搭配，很好地在界面中划分出不同的内容区域，并且使界面表现出理性与科技感，让人信赖。

图 5-20　机票预订 App 界面配色

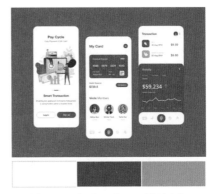

图 5-21　金融理财 App 界面配色

6. 紫色

紫色是女性特有的幻想世界，带有幻想和温柔的感觉，能体现出优雅与艳丽。紫色在日常生活中是一种不太常见的特别色彩，能够表现出非日常性、躁动、戏剧性、幻想感。在婚恋交友或者与女性相关的移动 UI 设计中，常常使用紫色进行配色设计。

7. 洋红色

洋红色也是一种女性化的色彩，能够表现出女性的甜美感。明快的洋红色可以产生轻快、优雅而华美的效果，暗色调的洋红色可以表现出高格调、成熟的华美感。洋红色常用于购物、母婴类的移动 UI 设计配色中。

◆ **案例分析**

图 5-22 所示是一个红酒 App 界面设计，使用高饱和度的紫色作为界面的主题色，紫色也与红酒产品本身的色彩十分接近，与白色的背景色相搭配，使界面表现出优雅、浪漫、美好的印象。

图 5-23 所示是一个女装电商 App 界面设计，使用高明度的浅洋红色作为界面的背景颜色，与白色的背景颜色相搭配，表现出女性的柔美、优雅感。功能操作按钮则搭配了高饱和度的洋红色，界面整体色调统一，功能操作按钮表现突出。

图 5-22　红酒 App 界面配色

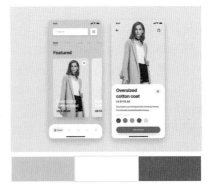

图 5-23　女装电商 App 界面配色

5.2.3　确定辅助色

确定了 UI 设计的主题色之后，接下来可以根据主题色来选择需要使用的辅助色。确定辅助色的方法有很多，如果想使 UI 表现的色调统一和谐，可以选择与主题色同色相但不同明度或纯度的色彩作为辅助色；如果想使 UI 色调表现得更加融合，可以选择与主题色邻近的色彩作为辅助色；如果想使 UI 的表现更加活泼、强烈，可以选择与主题色形成互补的色彩作为辅助色。

◆　**案例分析**

图 5-24 所示是一个游戏资讯 App 界面设计，使用高饱和度的蓝色作为界面的主题色，在界面背景中搭配了同色系的深蓝色背景，从而在界面中体现出色彩层次感。使用同色系的色彩进行配色设计，使界面整体表现更加统一、和谐。

图 5-25 所示是一个金融理财 App 界面设计，使用高饱和度的蓝色作为界面的主题色，与白色的背景颜色相搭配，使界面表现非常清爽、自然，辅助色则选择了与蓝色形成强烈对比的高饱和度橙色，有效突出相关功能选项的表现，使界面的视觉表现效果更加强烈，充满活力。

图 5-24　游戏资讯 App 界面配色

图 5-25　金融理财 App 界面配色

5.2.4　配色调整

俗话说"只有难看的搭配，没有难看的颜色"，即使确定了主题色和辅助色，但是在画面中的搭配也不一定好看。设计的使命就是"不仅要准确地设计，还需要设计得好看"，所以接下来还需要对配色进行调整，使其达到美观、舒适的视觉效果。

如果画面中的主题色与辅助色搭配在一起不好看时，我们应该如何去调整呢？下面介绍两种常用的调整方法。

1. 调整色彩的明度或饱和度

建议先调整主题色或辅助色其中一个的明度或者饱和度，因为在一个画面中不可能有两个主角。当然也可以同时调整主题色和辅助色，但同时调整两者时，需要注意整个画面的风格是否会发生改变。

◆ **案例分析**

图 5-26 所示是一个天气 App 界面设计，使用蓝色作为界面的主题色，使界面表现出蓝天白云的自然、清爽感，在界面中使用同色系、不同明度的蓝色进行搭配，通过不同明度的蓝色在界面中划分出不同的内容区域，使界面信息内容层次分明，界面整体色调统一、和谐。

图 5-27 所示是一个旅行 App 界面设计，使用低明度、低饱和度的深灰蓝色作为界面的背景颜色，表现出一种沉稳、低调的印象。在界面中搭配同色系高明度、高饱和度的青色，与背景形成明度和饱和度的对比，从而突出重点信息功能的表现。

图 5-26　天气 App 界面配色

图 5-27　旅行 App 界面配色

2. 加入黑白灰进行调和

当觉得 2 种或 3 种颜色搭配得很好，但是总觉得画面有些别扭时，可以尝试加入无彩色的黑色、白色或者灰色进行调和，会带来意外的惊意。

在画面中加入白色进行调和，可以使画面表现更具有透气感。当白色显得有些廉价时，可以在画面中加入浅灰色进行调和；当黑色显得沉重闭塞时，也可以使用深灰色进行替代。

◆ **案例分析**

图 5-28 所示是一个酒类产品 App 界面设计，不同的酒类产品详情界面使用了与该产品包装色彩相同的色彩作为界面的主题色，从而使界面表现出与产品统一的印象。在界面中与白色的背景色相搭配，表现效果明亮、活跃，加入黑色作为辅助色，使界面表现出稳定感。

图 5-29 所示是一个灯具产品 App 界面设计，使用接近黑色的深灰色作为界面的背景颜色，有效突出灯具产品灯光的温馨与光亮感。深灰色与白色相搭配，对比效果强烈，界面内容表现清晰、直观，加入高饱和度橙色进行点缀，为界面增添活力。

图 5-28　酒类产品 App 界面配色

图 5-29　灯具产品 App 界面配色

5.3　课堂操作——智能停车 App 配色设计

视频：视频\第 5 章\5-3.mp4　　　　源文件：源文件\第 5 章\5-3.xd

◆　案例分析

本案例是一个智能停车 App 配色设计，最终效果如图 5-30 所示。

图 5-30　智能停车 App 配色设计

主题色：蓝色。在该智能停车 App 配色设计中，使用蓝色作为界面的主题色，蓝色能够给人以自然、清爽与科技感。在启动界面中使用蓝色到青蓝色的微渐变色彩作为界面的背景颜色，搭配白色的 Logo 与文字，表现效果清爽、自然。在查找停车场界面中，为界面底部的标签栏和界面中的功能图标搭配蓝色，表现效果突出。

辅助色：白色。在界面中加入白色进行调和，蓝色与白色的搭配可以给人带来明亮、自然的感觉，同时也使界面具有透气感。

◆　制作步骤

Step01 启动 Adobe XD，新建一个 iPhone X/XS/11 Pro 屏幕尺寸大小的文档，修改画板名称。选择画板，设置"填充"为线性渐变，设置渐变颜色，如图 5-31 所示。在画板中调整线性渐变填充效果，如图 5-32 所示。

图 5-31　设置渐变颜色

图 5-32　调整渐变颜色填充

Step 02 打开"素材 53.xd"文件，将 Logo 图标复制到当前画板中，设置其"填充"为白色，效果如图 5-33 所示。使用"文本"工具在画板中单击并输入文字，设置文字的"填充"为白色，效果如图 5-34 所示。

图 5-33　复制图标到画板中　　　　　　　　　图 5-34　输入文字

Step 03 使用"矩形"工具，在画板中绘制一个 134px×5px 的矩形，设置该矩形的"填充"为黑色，"边界"为无，"圆角半径"为 5，设置该图形的"不透明度"为 40%，效果如图 5-35 所示。使用"文本"工具在画板中单击并输入文字，效果如图 5-36 所示。

图 5-35　绘制圆角矩形　　　　　　　　　　图 5-36　输入文字

Step 04 选中画板，按住 Alt 键不放拖动鼠标复制画板，在画板名称位置双击修改画板名称，修改画板的"填充"为白色，将画板中的内容删除，效果如图 5-37 所示。将素材图像 5301.jpg 拖入画板，调整到合适的大小和位置，效果如图 5-38 所示。

图 5-37　复制画板并修改　　　　　　　　　图 5-38　拖入素材图像

Step 05 使用"矩形"工具，在画板中绘制一个 375px×85px 的矩形，设置该矩形的"填充"为 #5C80EE，"边界"为无，对"圆角半径"选项进行设置，效果如图 5-39 所示。使用"矩形"工具，在画板中绘制一个 93px×52px 的矩形，设置该矩形的"填充"

为 15% 的黑色，"边界"为无，对"圆角半径"选项进行设置，效果如图 5-40 所示。

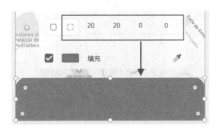
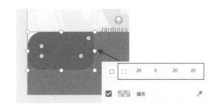

图 5-39　绘制圆角矩形 1　　　　　图 5-40　绘制圆角矩形 2

Step 06 使用"直线"工具，在画板中绘制一条直线，设置"边界"为 #346BC1，"描边宽度"为 1，设置该直线的"不透明度"为 65%，效果如图 5-41 所示。将该直线复制多次并分别调整至合适的位置，如图 5-42 所示。

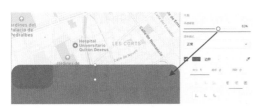

图 5-41　绘制直线　　　　　　　　图 5-42　复制直线

Step 07 打开"素材 53.xd"文件，将相应的图标复制到当前画板中，设置"填充"为白色，效果如图 5-43 所示。使用"矩形"工具，在画板中绘制一个 187px×283px 的矩形，设置该矩形的"填充"为白色，"边界"为 24% 的 #707070，"圆角半径"为 15，效果如图 5-44 所示。

图 5-43　复制图标到画板中　　　　图 5-44　绘制圆角矩形

Step 08 选中刚绘制的圆角矩形，设置"阴影"为 16% 的黑色，对相关选项进行设置，效果如图 5-45 所示。使用"矩形"工具，在画板中绘制一个 172px×116px 的矩形，设置该矩形的"填充"为黑色，"边界"为无，"圆角半径"为 10，效果如图 5-46 所示。

Step 09 将素材图像 5302.png 拖入刚绘制的圆角矩形，调整到合适的大小和位置，效果如图 5-47 所示。使用相同的制作方法，输入文字并拖入相应的图标，完成该部分内容的制作，效果如图 5-48 所示。

图 5-45　设置阴影效果

图 5-46　绘制圆角矩形

图 5-47　拖入素材图像

图 5-48　完成相似内容制作

使用相同的制作方法，完成界面中其他内容的制作，该智能停车 App 的最终效果如图 5-49 所示。

图 5-49　智能停车 App 的最终效果

5.4　移动 UI 常用的配色方法

大多数设计师都希望能够摆脱各种限制，表现出华丽的色彩搭配效果。但是，要想把几种色彩搭配得非常华丽绝非易事。要想在数万种色彩中挑选合适的色彩，需要设计师具备出色的色彩感。下面介绍一些移动 UI 设计中常用的配色方法。

5.4.1　表现统一、和谐的配色方法

1. 同色相配色

同色相配色又称为单一色相配色，是指在 UI 设计中只使用一种色相进行配色。通过调整颜色的饱和度和明度，可以生成多种协调的配色效果，能够表现出界面的统一性和流畅性，不会对眼睛造成太大的负担。

同色相的配色方法，适用于表达简洁、高雅、干练的印象，不主张色彩表现的设计类型，但容易给人以呆板、单调的感觉，所以在配色过程中要大胆地增加色调上的差异对比。

需要注意的是，无彩色系的黑白色搭配也可以认为是单色搭配，使用无彩色系进行搭配，能够使 UI 界面中的内容成为最突出的部分。

◆　**案例分析**

图 5-50 所示是一个天气 App 界面设计，使用蓝色作为该界面的主色调，通过调整蓝色的明度，从而在界面中实现色彩的层次感，以此来划分不同的内容区域。界面整体色调统一，给人一种清爽、简洁的印象。

图 5-51 所示是一个手表产品 App 界面设计，使用白色作为界面的背景颜色，在界面中搭配同样无彩色设计的手表产品及深灰色文字，并且文字使用了不同灰度的深灰色进行区别表现，体现出文字的层次感，功能操作按钮和图标使用接近黑色的深灰色表现，界面整体色调统一，无彩色的搭配给人一种高档与品质感。

图 5-50　同色相配色的 UI 设计 1

图 5-51　同色相配色的 UI 设计 2

2. 邻近色相配色

邻近色相是指色相环上相邻的色相，属于如图 5-52 所示的色相环中的 1 号，角度为当前基准颜色正负 15° 以内。

邻近色相的配色方法适用于表现简约、高雅、干练的印象，能够在色彩上营造出协调而连续的感觉。使用邻近色相进行配色同样容易给人以呆板、单调的感觉，所以在配色过程中要大胆地增加色调上的差异对比。

图 5-52　邻近色位置示例

◆ **案例分析**

图 5-53 所示是一个闹钟 App 界面设计，使用红色与其邻近色红橙色进行搭配，红色到红橙色的微渐变作为界面的背景，使界面表现出色彩层次的变化。在界面中搭配白色的文字和图形，视觉表现效果清新，界面整体给人一种温暖、简洁的印象。

图 5-54 所示是一个太空知识 App 界面设计，使用蓝色到紫色的微渐变作为界面的背景颜色，蓝色与紫色属于邻近色，邻近色的渐变过渡表现出优雅、和谐的视觉效果，在界面中搭配白色的信息卡片，白色的明度最高，与背景形成明度对比，使界面表现更加清晰、活跃。

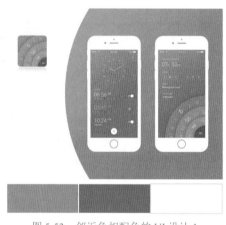

图 5-53 邻近色相配色的 UI 设计 1

图 5-54 邻近色相配色的 UI 设计 2

3. 类似色相配色

类似色相是指在色相环上相邻的色相（邻近色相也包含在类似色相当中），属于如图 5-55 所示的色相环中的 2 号、3 号，角度为当前基准颜色正负 45°以内。

采用类似色相的配色，UI 表现比较丰富、活泼，同时又不失统一、和谐的感觉。同样可以通过色调营造画面色彩的张弛效果，体现稳重、和谐的印象。

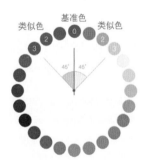

图 5-55 类似色位置示例

◆ **案例分析**

图 5-56 所示是一个绿植 App 界面设计，使用高明度的浅蓝色作为界面的背景颜色，在界面中搭配同色系的高饱和度蓝色，与浅蓝色背景形成对比，而界面中的功能操作按钮则搭配了蓝色的类似色青色，界面整体不失统一、和谐的感觉。

图 5-57 所示是一个音乐 App 界面设计，使用白色作为界面的背景颜色，界面内容清晰、易读，搭配从蓝色到紫色的渐变颜色，使界面表现更加丰富、活泼，高饱和度的渐变色彩使界面表现具有浪漫、唯美的感觉。

图 5-56　类似色相配色的 UI 设计 1

图 5-57　类似色相配色的 UI 设计 2

4. 同色调配色

同色调配色是指在 UI 设计中无论使用什么色相进行搭配，只需要将所使用色彩的色调统一，就可以使 UI 界面表现出整体性和统一性，如浅色组合、明亮色组合、暗色调组合、纯色调组合等。

使用同色调的配色方法，首先需要确定能够反应主题的色调，然后再进行配色。为了避免视觉效果的单调，尽可能多地使用不同的色相。

◆　案例分析

图 5-58 所示是一个金融理财 App 界面设计，使用白色作为界面背景颜色，给人一种清晰、明亮的印象。界面中所绑定的多张银行卡则分别使用了不同的颜色进行表现，便于用户进行区分，多种不同色相的颜色都使用了相同的鲜艳色调，从而使界面表现出和谐的视觉效果。

图 5-59 所示是一个音箱产品 App 界面设计，使用白色作为界面背景颜色，在不同的界面中分别使用了灰橙色和灰蓝色作为界面的主题色，用于区分不同内容的界面，但是不同的色彩都属于中等明度和饱和度的浊色调，给人一种稳定、和谐、舒缓的印象。

图 5-58　同色调配色的 UI 设计 1

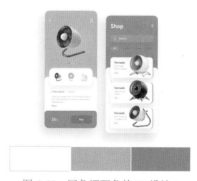

图 5-59　同色调配色的 UI 设计 2

5. 类似色调配色

类似色调配色是指在 UI 设计中所使用的色彩具有相近的色调，与同色调配色的区别主要在于通过明度和纯度的微妙差异，从而使界面表现出丰富的色彩层次，如浅色 + 明色组合、鲜艳色 + 浓重色组合、暗色 + 深色组合等。

◆ **案例分析**

图 5-60 所示是一个酒类产品 App 界面设计，使用中等明度、低饱和度的灰蓝色作为界面背景颜色，界面中各酒类产品图片都搭配了高明度、低饱和度的灰橙色背景，与界面背景形成对比，但这两种色调都属于浊色调，只是在明度上有所差别，整体给人一种和谐、雅致的印象。

图 5-61 所示是一个电商 App 界面设计，使用了明艳色调与浅色调相搭配，标题栏使用了明艳色调的蓝色，而商品分类列表中各分类则使用了不同的颜色，但都属于浅色调，近似的色调使界面看起来整体统一，给人一种舒适、和谐的印象。

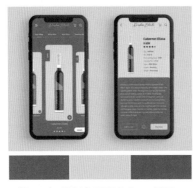

图 5-60　类似色调配色的 UI 设计 1

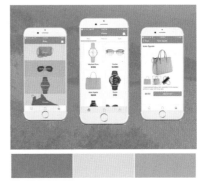

图 5-61　类似色调配色的 UI 设计 2

5.4.2　表现突出、对比的配色方法

1. 中差色配色——体现舒适、柔和的印象

中差色搭配不同于类似色搭配和对比色搭配，在种类上却包含了从类似色到对比色的搭配，属于如图 5-62 所示的色相环中的 4 ～ 7 号，角度为当前基准颜色正负 60°～ 105°。中差色搭配的整体效果表现明快、活泼、饱满、令人兴奋，同时又不失调和的感觉。

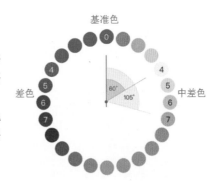

图 5-62　中差色位置示例

◆ **案例分析**

图 5-63 所示是一个电动滑板车 App 界面设计，使用低明度的深蓝紫色作为界面的背景颜色，在界面背景中加入红色的不规则图形设计，与深蓝紫色形成中差色对比，使界面的表现更加富有活力与动感，更容易吸引年轻用户的关注。

图 5-64 所示是一个电子书 App 界面设计，使用绿色作为界面的背景颜色，并且在界面背景局部加入红色与黄色图形点缀，形成中差色对比，使界面背景的表现更加轻快、活跃，界面的主体内容部分则搭配了白色的背景色块，使内容表现更加清晰、易读。

图 5-63　中差色配色的 UI 设计 1

图 5-64　中差色配色的 UI 设计 2

2. 对比色配色——表现华丽、醒目的效果

对比色是指在色相环上位置呈三角对立的颜色，如红色与绿色、紫色与橙色等。对比色属于如图 5-65 所示的色相环中的 8 号至 10 号，角度为当前基准颜色正负 120°～ 150° 之间。

在 UI 设计中，可以使用对比色的搭配来突出界面中重要信息的表现，从而使重要信息达到醒目的视觉效果。采用对比色搭配的界面表现效果醒目、刺激、有力，但也容易造成视觉疲劳，一般需要采用多种调和手段来改善对比效果。

图 5-65　对比色位置示例

◆ **案例分析**

图 5-66 所示是一个运动鞋 App 界面设计，使用深蓝色作为界面背景颜色，表现出稳重、踏实的印象。在界面中搭配蓝色的对比色黄色，使界面的表现效果更加活跃。加入白色作为调和色，中和了黄色与蓝色的对比效果，界面表现充满活力却并不刺激。

图 5-67 所示是一个恋爱交友 App 界面设计，使用紫色作为界面主题色，与白色背景相搭配，界面表现简洁、美好、浪漫。在界面中加入与紫色形成对比的红橙色作为辅助色，使界面表现非常醒目、强烈。

图 5-66　对比色配色的 UI 设计 1

图 5-67　对比色配色的 UI 设计 2

3. 互补色配色——表现强烈、冲突的效果

互补色是指在色相环上位置完全相对的颜色，如橙色与蓝色、黄色与紫色等。互补色属于如图 5-68 所示的色相环中的 11 号、12 号，角度为当前基准颜色正负 165°～180°之间。

使用互补色搭配的 UI 能够表现出一种力量、气势与活力，具有非常强烈的视觉冲击力。高纯度的互补色搭配能够体现充满刺激性的艳丽印象，但也容易形成廉价、劣质的印象，可以通过色彩面积、色调的调整来进行中和搭配。

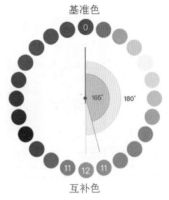

图 5-68　互补色位置示例

◆ **案例分析**

图 5-69 所示是一个金融支付 App 界面设计，使用接近黑色的深灰色作为界面背景颜色，表现出高档感。界面中所绑定的银行卡使用高饱和度的橙色来表现，界面中的关键信息文字和支付按钮则使用了高饱和度的蓝色，形成互补色对比配色，有效区分了界面中不同的内容，并且使界面表现更具有活力。但由于橙色与蓝色并不是直接对比，中间加入了深灰色进行调和，所以对比效果并不是特别刺激。

图 5-70 所示是一个闹钟 App 界面设计，不同明度的紫色形成微渐变的界面背景，体现出色彩的层次感，给人一种优雅的印象。界面中的重点信息和按钮开关使用了与紫色背景形成互补的黄色进行搭配，虽然其面积较小，导致对比并不是十分强烈，但是对比色的搭配能够很好地突出重点信息的表现。

图 5-69　互补色配色的 UI 设计 1　　　　图 5-70　互补色配色的 UI 设计 2

4. 对比色调搭配——突出变化和重点

对比色调搭配是指在 UI 设计中可以使用不同明度或不同纯度的色彩进行配色，从而形成不同明度或不同纯度的对比。特别是在使用相同色相或类似色相进行 UI 配色时，通过对比色调搭配同样可以使界面表现出鲜活、明快的视觉效果。

◆ **案例分析**

　　图 5-71 所示是一个冰淇淋 App 界面设计，黄色是有彩色中明度最高的色彩，而深灰色则是除黑色外明度最低的色彩，使用黄色与深灰色进行搭配，同时表现出有彩色与无彩色的对比和色彩明度的对比，使界面的整体表现非常鲜活、明快。

　　图 5-72 所示是一个智能家居管理 App 界面设计，使用深蓝色作为背景颜色，在界面中搭配同色系不同明度和饱和度的蓝色，有效划分界面中不同的内容区域，并且使界面整体色调统一，各部分又存在明度和饱和度的对比，界面整体表现明快且具有层次感。

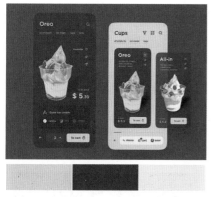

图 5-71　对比色调配色的 UI 设计 1

图 5-72　对比色调配色的 UI 设计 2

5.5　课堂操作——时尚运动 App 配色设计

　　视频：视频 \ 第 5 章 \ 5-5.mp4　　　　源文件：源文件 \ 第 5 章 \ 5-5.xd

◆ **案例分析**

　　本案例是一个时尚运动 App 配色设计，最终效果如图 5-73 所示。

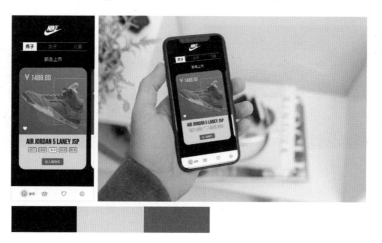

图 5-73　时尚运动 App 配色设计

背景色：黑色。使用黑色作为该时尚运动 App 的背景颜色，给人一种时尚、动感的印象，并且黑色背景与白色文字和品牌标志相搭配，表现出强烈的对比效果。

主题色：黄色。使用高饱和度的黄色作为界面的主题色，给人一种明亮、活跃、欢乐的印象，明亮的黄色与黑色背景同样能够产生强烈的对比，突出有彩色的表现。

辅助色：蓝色。使用该运动鞋产品的蓝色作为界面的辅助色，蓝色与黄色形成冷暖对比，使界面的视觉表现效果更加强烈、刺激，给人带来动感与激情的印象。

◆ 制作步骤

Step 01 启动 Adobe XD，新建一个 iPhone X/XS/11 Pro 屏幕尺寸大小的文档，设置画板的"填充"为黑色，效果如图 5-74 所示。打开"素材 55.xd"文件，将品牌标志复制到当前画板中，效果如图 5-75 所示。

图 5-74　设置画板填充颜色　　　　　图 5-75　复制品牌标志到画板中

Step 02 使用"直线"工具，在画板中绘制一条直线，设置"边界"为白色，"描边宽度"为 0.75，效果如图 5-76 所示。按住 Alt 键并拖动直线，复制直线并调整至合适的位置，如图 5-77 所示。

图 5-76　绘制直线　　　　　　　　图 5-77　复制直线

Step 03 使用"矩形"工具，在画板中绘制一个 64px×38px 的矩形，设置该矩形的"填充"为白色，"边界"为无，输入相应的文字，效果如图 5-78 所示。使用"矩形"工具，在画板中绘制一个 307px×445px 的矩形，设置该矩形的"填充"为 #FFE200，"边界"为无，"圆角半径"为 28，效果如图 5-79 所示。

图 5-78　绘制矩形并输入文字

图 5-79　绘制圆角矩形

Step 04 选择刚绘制的圆角矩形，按 Ctrl+C 组合键复制，按 Ctrl+V 组合键粘贴，修改复制得到圆角矩形的尺寸为 307px×292px，"填充"为线性渐变，设置渐变颜色，如图 5-80 所示。调整圆角矩形的线性渐变填充效果，如图 5-81 所示。

图 5-80　设置渐变颜色

图 5-81　设置渐变填充效果

Step 05 选择圆角矩形，对"圆角半径"选项进行设置，效果如图 5-82 所示。使用相同的制作方法，绘制出圆形和边框图形作为装饰，效果如图 5-83 所示。

图 5-82　设置圆角半径选项

图 5-83　绘制其他图形

Step 06 将素材图像 5501.png 拖入画板，调整到合适的大小和位置，效果如图 5-84 所示。使用"文本"工具在画板中单击并输入文字，设置文字的"填充"为 #FFE200，"阴影"为 16% 的黑色，对相关选项进行设置，效果如图 5-85 所示。

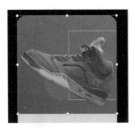

图 5-84　拖入素材图像　　　　　　　　　　图 5-85　输入文字

Step 07 使用"矩形"工具，在画板中绘制一个 97px×30px 的矩形，设置该矩形的"填充"为 #164FAB，"边界"为无，"圆角半径"为 3，效果如图 5-86 所示。使用"文本"工具在画板中单击并输入文字，设置文字的"填充"为白色，效果如图 5-87 所示。

图 5-86　绘制圆角矩形　　　　　　　　　　图 5-87　输入文字

Step 08 使用相同的制作方法，完成该产品卡片中其他内容的制作，效果如图 5-88 所示。使用相同的制作方法，完成其他产品卡片的制作，注意不同的产品，其卡片采用不同的色彩进行配色设计，效果如图 5-89 所示。

图 5-88　完成其他内容制作　　　　　　　　图 5-89　完成其他产品卡片制作

Step 09 使用"矩形"工具，在画板中绘制一个 375px×64px 的矩形，设置该矩形的"填充"为白色，"边界"为无，效果如图 5-90 所示。打开"素材 55.xd"文件，将相应的图标复制到当前画板中，并且在当前界面图标下方绘制一个黄色的圆形，突出表现当前位置，效果如图 5-91 所示。

图 5-90　绘制矩形　　　　　　　　　　　　图 5-91　完成底部标签栏制作

至此，完成该时尚运动 App 配色设计，最终效果如图 5-92 所示。

图 5-92　时尚运动 App 最终效果

5.6　移动 UI 配色技巧

好的配色是自然的、和谐的，能够给人带来愉悦的视觉感受。配色讲究的是使用必要的颜色来构建整个视觉体系，出色的配色方案能够很好地提升移动 UI 的用户体验。下面将介绍移动 UI 配色的相关技巧，灵活掌握这些配色技巧能够帮助用户搭配出赏心悦目的色彩。

5.6.1　遵循 6 : 3 : 1 的配色原则

在移动 UI 配色设计过程中，遵循 6 : 3 : 1 的基础配色原则，即主题色占 60%，辅助色占 30%，点缀色占 10%。图 5-93 所示为 6 : 3 : 1 配色原则示意图。

图 5-93　6 : 3 : 1 配色原则示意图

1. 主题色原则

在移动 UI 设计中，通常使用品牌色作为主题色，主题色是 UI 中最关键的色彩，常用于界面中的导航栏、按钮、图标、标题等关键元素，加深用户的品牌记忆。

在主题色的使用过程中需要注意的是：主题色不是一种色彩，而是一种色相，可以通过对其色调进行调整，从而运用于不同的内容上；60% 并不是指主题色在界面中的使用面积，而是指主题色在界面中的数量。

◆　**案例分析**

图 5-94 所示是一个灯具产品 App 界面设计，使用低明度的深蓝色作为界面的背景颜色，同时也是该界面的主题色，给人一种稳重、踏实的印象，并且深色的界面背景能够有效突出灯具产品给人带来的温暖感受。为界面中的功能操作按钮点缀高饱和度的橙色，与主题色形成对比，使界面表现更加具有活力。

图 5-95 所示是一个男士手表 App 界面设计，使用高明度的黄色作为界面的主题色，与背景的深灰色在明度及色彩上都能够形成强烈的对比，有效突出手表产品的表现。但黄色的饱和度较低，并且加入了深灰色背景进行调和，因此界面表现并不非常刺激，反而给人一种稳定、典雅感。

图 5-94 灯具产品 App 界面配色   图 5-95 男士手表 App 界面配色

2. 辅助色原则

辅助色常与主题色一同出现，在 UI 中主要用于区分关键信息，陪衬主题色来平衡界面的整体视觉效果，使界面表现更丰富。图 5-96 所示为辅助色与主题色之间的色彩关系示意图。

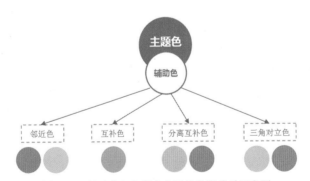

图 5-96 辅助色与主题色之间的色彩关系示意图

◆ **案例分析**

图 5-97 所示是一个金融支付 App 界面设计，使用白色作为界面背景颜色，绿色作为该界面的主题色，选择绿色邻近的黄绿色和黄橙色作为辅助色，界面整体色调保持统一、协调，给人一种自然、和谐、清爽的印象。

图 5-98 所示是一个 App 欢迎界面配色设计，使用低明度的深蓝色作为界面背景颜色，选择蓝色的互补色橙色作为辅助色，与深蓝色背景形成明度和色相的强烈对比，使欢迎界面表现出活跃、欢乐的氛围，充分吸引用户的关注。

图 5-97　金融支付 App 界面配色

图 5-98　App 欢迎界面配色

3. 点缀色原则

点缀色的使用面积较小，具有一定的独立性，通常在主题色、辅助色都不能满足界面中的关键信息表现时会使用点缀色，在需要平衡界面冷暖色调时也会用到点缀色。

通常使用与主题色形成互补的颜色作为点缀色，并且点缀色常常使用明度和饱和度较高的鲜艳色彩。

◆　**案例分析**

图 5-99 所示是一个电子产品 App 界面设计，使用蓝色作为界面的主题色与邻近色青蓝色相搭配，清晰地划分了界面中不同的内容区域，并且有效突出白色产品图像的表现。为界面中的功能操作按钮点缀黄色，与蓝色形成色相对比，表现效果突出，并且使界面表现更加活跃。

图 5-100 所示是一个手表电商 App 界面设计，使用深灰蓝色作为界面的主题色，体现出男士的稳重与踏实感，功能操作按钮搭配高饱和度的橙色，与深蓝色背景形成强烈的对比，表现效果非常突出。为"收藏"图标、"加入购物车"图标和购物车中的商品数量点缀高饱和度的红色，在界面中的视觉表现效果非常突出，引导用户进行购买和收藏操作。

图 5-99　电子产品 App 界面配色

图 5-100　手表电商 App 界面配色

5.6.2　控制界面的色彩数量

在移动 UI 设计中不宜使用过多的色彩，在平面设计领域有"色不过三"的配色说法，在移动 UI 设计中同样要求一个界面中尽量不要使用超过 3 种色彩，避免过多的色彩导致审美疲劳，这样用户浏览起来会比较舒适。

某些情况下，迫于产品的需要可能使用的色彩会超过 3 种，但不能超过 7 种色相，可以通过调整每种色相的明度和饱和度得到更多的颜色，既满足了产品的需要，又具有统一性的印象。

◆　**案例分析**

图 5-101 所示是一个家具产品 App 界面设计，使用白色作为界面的背景颜色，很好地突出了界面中彩色沙发产品的表现效果，为界面中的功能操作按钮搭配与沙发色彩相同的黄色，整个界面的视觉表现非常清晰、直观，主题内容表现突出。

图 5-102 所示是一个智能家居管理 App 界面设计，使用白色作为界面的背景颜色，使蓝色作为界面的主题色，表现效果清爽、自然。管理分类界面中为不同的分类搭配了不同的高饱和度色彩背景，从而有效地区分各个功能图标，具有很好的辨识度，给人一种清晰、简约、一目了然的视觉效果。

图 5-101　家具产品 App 界面配色

图 5-102　智能家居管理 App 界面配色

5.6.3　巧用色彩对比

色彩对比几乎是所有视觉构图中的关键部分，它赋予了每个 UI 元素独特性，并使其引人注目。

在 UI 设计过程中，通常根据所要实现的目标来控制色彩对比度的高低。例如，如果需要用户注意到某个特定的 UI 元素，就会使用鲜艳的高度对比色彩来表现该 UI 元素。但是，将 UI 作为一个整体来说，高对比度的色彩可能并不总是有效。如果文本内容和背景颜色之间的差异太大，则很容易造成用户的阅读疲劳。建议设计师采用温和的色彩对比，并只在某些特定元素上应用高对比度的颜色。通过在不同的设备上进行用户测试，可以帮助设计人员确保其配色方案的有效性。

◆ **案例分析**

图 5-103 所示是一个运动健身 App 界面设计，使用深灰色作为背景颜色，选择深暗的深蓝色作为辅助色，体现出力量感，在界面中点缀高饱和度的橙色图形与文字，与深暗的背景形成非常强烈的对比，突出重点信息的表现，同时也使界面的表现更加富有活力。

图 5-104 所示是一个闹钟 App 界面设计，为了突出界面中当前时间及重要功能的表现，在界面中采用了无彩色与有彩色的对比。白色的背景颜色表现非常简洁、清晰，界面中的当前时间和相应的功能图标则使用了高饱和度的蓝色，从而形成强烈的对比，突出重点信息功能的表现。

图 5-103　运动健身 App 界面配色　　　　图 5-104　闹钟 App 界面配色

5.6.4　从大自然中获取配色灵感

大自然是世界上最好的艺术家和设计师，自然环境中的色彩组合总是接近完美的。人们喜欢看日落和黎明、秋天的森林和冬天的山脉，因为它们充满了自然的色彩组合。

数码产品的成功在很大程度上取决于设计师为其 UI 所选择的颜色，正确的颜色能够给用户带来极大的舒适感。设计师通过运用合适的配色方案，就能使用户迅速明白产品的设计思想，引导用户执行适当的操作。

◆ **案例分析**

图 5-105 所示是一个家居产品 App 界面设计，使用绿色作为界面的主题色，与白色的背景颜色相搭配，表现效果清晰、简洁，使界面表现出大自然的清新、自然和健康，给人带来舒适的感受。

图 5-106 所示是一个太空知识 App 界面设计，使用象征着太空的深蓝色作为界面的背景颜色，在界面中与同色系不同明度的蓝色相搭配，使界面充分表现出太空的深邃、悠远感，并且深蓝色能够给人带来很强的科技感，非常符合该 App 产品的定位。

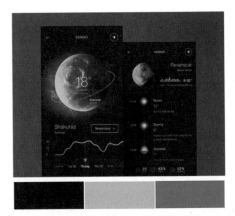

图 5-105 家居产品 App 界面配色　　　　　　　图 5-106 太空知识 App 界面配色

5.7 课堂操作——电商 App 配色设计

视频：视频 \ 第 5 章 \ 5-7.mp4　　　　　源文件：源文件 \ 第 5 章 \ 5-7.xd

◆ **案例分析**

本案例是一个电商 App 配色设计，最终效果如图 5-107 所示。

图 5-107 电商 App 配色设计

背景色：浅灰色。使用接近白色的高明度浅灰色作为界面的背景颜色，使界面表现明亮、柔和，并且能够有效突出界面中各商品图片的表现效果。

点缀色：红色。为界面中的重要信息和功能操作按钮点缀高饱和度的红色，能够对用户起到有效的引导作用，引导用户购买商品并注意重要信息。

辅助色：灰色。界面中的文字内容都使用深灰色进行搭配，尽可能地减少对用户浏览商品的干扰，突出界面中各种商品图片的表现。

◆　制作步骤

Step01 启动 Adobe XD，在手机型号下拉列表框中选择"iPhone 6/7/8（375×667）"选项，如图 5-108 所示。新建一个 iPhone 6/7/8 屏幕尺寸大小的文档，修改画板名称，设置画板的"填充"为线性渐变，设置从白色到浅灰色的渐变颜色，如图 5-109 所示。

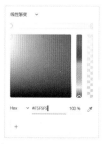

图 5-108　选择 iPhone 6/7/8 选项　　　　　　图 5-109　设置渐变颜色

Step02 在画板中调整线性渐变填充，效果如图 5-110 所示。使用"文本"工具在画板中单击并输入文字，设置文字的"填充"为 #515C6F，效果如图 5-111 所示。

图 5-110　调整渐变填充效果　　　　　　　　图 5-111　输入文字

Step03 打开"素材 57.xd"文件，将相应的商品分类图标复制到当前画板中，效果如图 5-112 所示。选择第一个分类图标，设置"阴影"为 35% 的 #FF6262，对相关选项进行设置，效果如图 5-113 所示。

图 5-112　将图标复制到画板中　　　　　　　图 5-113　设置阴影效果

Step04 使用相同的制作方法，分别为其他分类图标添加阴影效果，并在各分类图标下方输入分类名称文字，如图 5-114 所示。使用"文本"工具在画板中单击并输入文字，使用"矩形"工具，在画板中绘制一个 307px×445px 的矩形，设置该矩形的"填充"为白色，"边界"为无，"圆角半径"为 10，效果如图 5-115 所示。

图 5-114　输入文字

图 5-115　绘制圆角矩形

Step05 将素材图像 5701.jpg 拖入刚绘制的圆角矩形中，调整到合适的大小和位置，效果如图 5-116 所示。选择刚绘制的圆角矩形，设置"阴影"为 25% 的黑色，对相关选项进行设置，效果如图 5-117 所示。

图 5-116　拖入素材图像

图 5-117　设置阴影效果

Step06 使用"文本"工具在画板中单击并输入文字，设置文字的"填充"为白色，效果如图 5-118 所示。使用相同的制作方法，绘制出圆角矩形按钮，并为其添加阴影效果，如图 5-119 所示。

图 5-118　输入文字

图 5-119　完成按钮制作

Step07 使用相同的制作方法，完成另一个活动选项的制作，效果如图 5-120 所示。使用"矩形"工具，在画板中绘制一个 101px×135px 的矩形，设置该矩形的"填充"为白色，"边界"为无，"圆角半径"为 10，"阴影"为 #E7EAF0，对相关选项进行设置，效果如图 5-121 所示。

图 5-120　制作其他活动图片

图 5-121　绘制圆角矩形并设置阴影

Step 08 将素材图像 5704.png 拖入画板，调整到合适的大小和位置，输入相应的文字，效果如图 5-122 所示。使用相同的制作方法，完成商品列表的制作，效果如图 5-123 所示。

图 5-122　拖入素材图像并输入文字

图 5-123　完成商品列表制作

Step 09 使用"矩形"工具，在画板中绘制一个 375px×50px 的矩形，设置该矩形的"填充"为白色，"边界"为无，效果如图 5-124 所示。打开"素材 57.xd"文件，将相应的图标复制到当前画板中，并输入相应的文字，将当前所在界面的图标颜色设置为红色，完成界面底部标签栏的制作，效果如图 5-125 所示。

图 5-124　绘制矩形

图 5-125　完成底部标签栏制作

使用相同的制作方法，完成该电商 App 其他界面的配色设计，最终效果如图 5-126 所示。

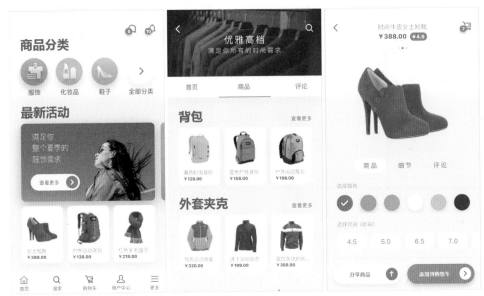

图 5-126　电商 App 配色最终效果

5.8　拓展知识——色彩在移动 UI 设计中的作用

任何 UI 设计中都离不开色彩的表现，可以说色彩是 UI 设计中最基本的元素，色彩在移动 UI 设计中可以起到如下作用。

1. 突出主题

在移动 UI 设计中，不同的内容需要由不同的色彩来表现，利用不同色彩自身的表现力、情感效应及审美心理感受，可以使界面中的内容与形式有机地结合起来，以色彩的内在力量来烘托主题、突出主题。

2. 划分视觉区域

移动 UI 的首要功能是传递信息，色彩是创造有序的视觉信息流程的重要元素。利用不同色彩划分视觉区域，是视觉设计中的常用方法，在移动 UI 设计中同样如此。

3. 吸引用户

应用市场中有不计其数的移动应用软件，即使是那些已经具有一定规模和知名度的应用，也要时刻考虑如何能更好地吸引用户的关注。通过色彩的搭配设计，能够表现出各式各样赏心悦目的应用界面，从而"讨好"挑剔的用户。

4. 增强艺术性

色彩既是视觉传达的方式，又是艺术设计的语言。好的色彩应用，可以大大增强 UI 界面的艺术性，也使得 UI 界面更富有审美情趣。图 5-127 所示为出色的移动 UI 配色设计。

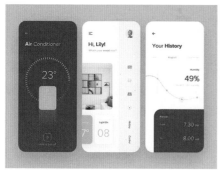

图 5-127　出色的移动 UI 配色设计

5.9　本章小结

将色彩应用于移动 UI 设计中,给 UI 界面带来鲜活的生命力,它既是 UI 设计的语言,又是视觉信息传达的手段和方法。完成本章内容的学习,需要理解并掌握本章所讲解的内容,并能够在移动 UI 配色设计过程中灵活运用。

5.10　课后测试

完成本章内容学习后,接下来通过几道课后习题,检测一下读者对本章内容的学习效果,同时加深对所学知识的理解。

一、选择题

1. 下列对比中不属于色相对比的是(　　)。

A. 同类色对比　　　　　　　　　　B. 明暗对比

C. 类似色对比　　　　　　　　　　D. 互补色对比

2. 无彩色具备的属性是(　　)。

A. 色相　　　　　　B. 饱和度　　　　　　C. 明度　　　　　　D. 纯度

3. 色彩的心理印象中,(　　)给人以喜悦、热烈、激情、革命、危险的感觉。

A. 红色　　　　　　B. 橙色　　　　　　C. 黄色　　　　　　D. 紫色

4. 在色相环中,180°相对的两种色彩称为(　　)。

A. 近似色　　　　　　B. 邻近色　　　　　　C. 互补色　　　　　　D. 对比色

5. 下列色彩中，色彩纯度最高的色相是（　　　）。

A. 白色　　　　　　B. 红色　　　　　　C. 黄橙色　　　　　　D. 蓝紫色

二、填空题

1. 色彩具有象征性，例如＿＿＿＿象征热情，蓝色象征冷静，＿＿＿＿象征温暖等。

2. 在移动 UI 设计过程中提倡使用一些＿＿＿＿＿色彩进行搭配，便于绝大多数用户都能够接受。

3. ＿＿＿＿是一种引人注目的色彩，能够体现出积极、开放、欢乐的感觉。

4. 在画面中加入＿＿＿＿进行调和，可以使画面表现更具有透气感。

5. 在移动 UI 配色设计过程中，遵循 6 : 3 : 1 的基础配色原则，即＿＿＿＿＿占 60%，＿＿＿＿＿占 30%，＿＿＿＿＿占 10%。

三、操作题

根据本章所学习的 UI 配色知识，完成一个金融支付 App 界面的配色设计，具体要求和规范如下。

（1）内容 / 题材 / 形式：金融支付 App 配色设计。

（2）设计要求：在 Adobe XD 中完成金融支付 App 界面的配色设计，参考其他金融类 App 的配色设计，重点体现理性与科技感。